莫芮 著

幽默的语言、神奇的科学、动人的
故事，新科普小说创始人的实力佳作

四川出版集团·四川科学技术出版社
·成都·

图书在版编目（CIP）数据

旋转的鸡蛋 / 莫芮著. — 成都：四川科学技术出版社, 2012.12

ISBN 978-7-5364-7553-3

Ⅰ.①旋… Ⅱ.①莫… Ⅲ.①自然科学－青年读物②自然科学－少年读物 Ⅳ.①N49

中国版本图书馆CIP数据核字(2012)第308207号

旋转的鸡蛋

莫 芮 著

责任编辑	侯京晋
装帧设计	刘 琳 彭 斌
插　画	颜 琳
责任校对	孟 捷
责任出版	周红君
出版发行	四川出版集团·四川科学技术出版社
成品尺寸	145mm×210mm
	印张5 字数180千
印　刷	四川机投印务有限公司
版　次	2013年3月成都第一版
印　次	2013年3月成都第一次印刷
定　价	11.00元

ISBN 978-7-5364-7553-3

地址：成都市三洞桥路12号　电话：（028）87734035
邮政编码/610031　网址：www.sckjs.com

序 言

　　莫芮的这本新书，既做到了深入浅出，又做到了将科学性与人文性两者兼顾。在我看来，本书有三大特点：

　　一、讲述身边的科学，语言幽默诙谐。就拿高楼之害来说吧，"……我旅行在北京。傍晚下了点小雨，我对这点小雨没太在意。大约晚上11时左右，我被门的撞击声惊醒，狂风似乎在冲刷着整幢大楼，也掠走我了的瞌睡，我站在12层楼的阳台上眺望城市的夜景，感觉风特别大，好像要把我吹走似的。我想，现在的风不会低于10级吧？从第二天的新闻报道中我了解到，5~6级的北风一直盘踞在京城上空，大风持续的时间较长。既然风只有5~6级，为什么我感觉风不会低于10级呢？原来……在城市刮起6~7级大风时，高楼群能把风在瞬间放大到12级……"很多人都会发现城市飓风现象，但很少有人把它与高楼联系起来。生活中这类问题很多，人们可能忽略，也可能误解。作者致力于这类问题的探究，并用幽默、该谐的语言表述出来，给读者以启发。

二、故事生动活泼，诠释深入浅出。看一看《厨房里的爆炸声》的描述："……娟娟的父母都不在家，给她留了一张纸条，让她用微波炉把半只烤鸭打热吃。她把装有烤鸭的盘子放进微波炉，还没有走出厨房，就听到微波炉里发出'砰'的一声，她转身回去准备拔掉微波炉的电源插头，还没有靠近微波炉，只听见微波炉又是一声'砰'的巨响，这次的声音比第一次的更大，她还看见炉内的食物飞溅开来。这一声至少吓得她后退十多步。她正想上前，微波炉又是一声'砰'的巨响。这次她不仅听到了吓人的声音，似乎还看到了微波炉内有烟雾。她以最快的速度冲出厨房……" "……在用微波炉对有皮的猪肉、鸭肉，以及富含脂肪和胶原蛋白的食物加热时，食物往往会突然发生'爆炸'。这是因为……"作者所述，有可能就发生在读者身边，故事生动活泼，易于读者共鸣。作者对问题的诠释，深入透彻，表述浅显。让读者在享受生动活泼、趣味盎然的故事时，又心领神会问题的实质。

三、切入视角新颖，注重思维创新。读一读《家电的未来》吧："从娟娟读初中开始，只要是在假期，洗碗就是她每顿饭后的必修课。

她做的家务活虽然不多，但洗碗却是她最讨厌的。我想，凡是女孩子都不太喜欢洗碗，因为油腻的东西使她们感觉不舒服。娟娟曾经向妈妈提出过，希望家里请一个阿姨，可妈妈说根本没有这个必要。她也曾想过，如果有一台洗碗机该多好呀！这种洗碗机，可以自动测试出餐具的数量和污垢程度，自动选择水温、洗涤液的数量、清洗时间的长短……"作者所述，视角新颖，想象丰富。不像某些科普作品平铺直叙，就问题说问题，缺失想象力。这本书能激发青少年的想象力，值得向广大读者推荐！

查有梁　2013年春

写于成都青城山白鹭洲

目 录

汤匙的作用

在冬天，向玻璃杯内倒开水时，杯子很容易被烫裂。杯壁太薄了？有没有办法让杯子不被烫坏呢？有经验的人在盛开水前，先在杯内放一把金属茶匙，这是为什么呢？

有一次，我家来了一位客人，他是我父亲久违的朋友。他们好像有十多年不曾见面，见面自然高兴，特别是我父亲，高兴得手舞足蹈。他开心的样子，是很少见的，我们一家人都受到了感染。

旋转的鸡蛋

　　父亲用最畅快的语调向我发布命令："给叔叔倒水！"

　　我转身在茶盘内取了一只玻璃杯，另一只手用力地提起一个八磅的开水瓶。我把杯子放在叔叔旁边的茶几上，拔去开水瓶的塞子，吃力地向杯内倒水。只听"呼"的一声，杯子破裂了，开水喷射得满茶几都是，妈妈刚烧好的开水还在茶几上冒着烟雾。叔叔迅速地站了起来，也许是条件反射，站起来的速度很快，两只手还用力地抖动着裤腿，努力地想把裤腿上的水抖掉。

　　我当时吓傻了，站在那里一动不动，不知道接下来该怎么做。害怕使我忘记了时间，时间却放大了我的害怕，因为我不知道自己犯的错误有多大。就在我手足无措之时，爸爸迅速地站了起来，非常关切地问叔叔烫着没有。那溢于言表的关切之情，几十年后的今日，我还记忆犹新。而后，爸爸用最严厉的眼神看着我，妈妈一边扫着玻璃碎片，一边压低着声音斥责我。我当时好委屈，因为我不是故意的。

叔叔接过我的开水瓶，把它轻轻地放在桌子上，拉着我的手说："吓着了吧！"然后转过头对爸爸说："其实不怪他！"

是呀！这能怪我吗？一个冬天谁没有烫坏几个杯子。过了一会儿，我感觉脚背有点痛，才发现自己也被烫伤了。但我没有告诉大人，我对刚才的事情还心有余悸，我也不想看大人的脸色。更何况，我觉得自己是一个男子汉，不能因为受了一点轻伤，就小题大做。

家家都有许多玻璃杯，一般茶楼也都使用玻璃杯泡茶。这说明，玻璃杯并非浪得虚名，有它存在的理由和市场。

其实，玻璃杯一点都不好，夏天使用起来烫手，冬天又很容易炸裂。可是，它毕竟是千家万户的日常

汤匙的作用

3

旋转的鸡蛋

用品。有没有办法让杯子不被烫坏呢？

几年之后，一位有经验的家庭主妇告诉我，为了避免玻璃杯被开水烫裂，可以把金属茶匙放在杯子里。我问她为什么要这样做，她也说不出个所以然来，她说是经验教会她这样做的。

整个冬天，我都用她的方法盛开水，一个杯子都没有被烫坏。看来这种方法是有效的。为什么会这样呢？茶匙在杯子里有什么作用？要解决这些问题，先要明白在倒开水的时候，杯子为什么会破裂。

物体会热胀冷缩，是一种生活常识。在向杯子里倒开水之前，杯子是冷的。当杯子里被倒入开水时，杯子受热膨胀。但倒入杯子里的开水，不可能同时把整个玻璃杯烫热，导致玻璃杯的各部分没有能够同时膨胀。它首先烫热了杯子的内壁，但是，外壁却不能同时被烫热。内壁被烫热以后，立刻膨胀起来，外壁的膨胀却要迟一步，因此外壁受到了从内部产生的强烈挤压。这样外壁就被挤破了——玻璃杯破裂了。

我在商场见过一个顾客挑选玻璃杯，她问有没有壁很厚的玻璃杯，她说这种杯子不容易被开水烫裂。真的是这样吗？

这是一种错误的观念，千万不要以为杯子厚就不会被烫坏。恰恰相反，厚的杯子要比薄的更容易被烫坏。原因很简单，厚的杯壁烫透的时间，比薄的杯壁烫透的时间要长。我们细心地观察，实验室用的试管、烧杯等玻璃器皿，壁都是很薄的。玻璃器皿越薄，整个器皿受热后就越容易热起来。老师用很薄的玻璃器皿盛了液体，就直接在灯上烧到沸腾，一点也不怕它会破裂。

在杯子被烫裂时，杯底被烫裂的时候最多，因为杯底往往很厚。所以，在选用杯子时，不但杯壁要薄，而且杯底也要薄。

杯子烫裂事件，往往发生在冬天。因为冬天杯

子的温度更低，要让杯子外壁的温度升起来的时间更长。

薄玻璃杯在冬天也有被烫裂的可能。有经验的人，会往杯子内先倒一点点开水，迅速地转动杯子，使杯子各部分很快升温。但这样做起来很不方便，所以更多的人习惯在玻璃杯里放一把金属茶匙。

放一把塑料茶匙效果如何呢？效果不好！塑料不容易传热。应该在杯子内放一把金属茶匙，金属传热很快。当开水倒进杯底的时候，在还没有来得及烫热玻璃杯之前，会把一部分热传给金属茶匙，于是开水的温度降低了，它从沸腾着的开水变成了热水。至于继续倒进去的开水，对于杯子已经不那么可怕了，因为杯子外壁烫热了。如果我们再用手摸一下金属茶匙，会发现金属茶匙的温度很高，说明茶匙从开水中吸收了大量的热。

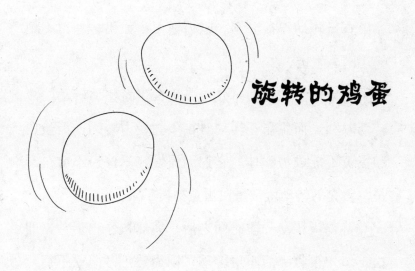

旋转的鸡蛋

有一天，小王的妈妈把生鸡蛋和熟鸡蛋放在了一起。可小王分辨不出哪些是生的，哪些是熟的。妈妈把鸡蛋放在耳边摇晃着听，很快就分辨出了生熟鸡蛋。爸爸说还有一种方法可以判断生熟鸡蛋。

爸爸是如何做的呢？

只见爸爸把鸡蛋放在桌子上，用手把鸡蛋迅速转动起来，离手后观察它的转动情形。爸爸解释说：

旋转的鸡蛋

如果鸡蛋转动得很顺利，则为熟蛋；如果转动得不顺畅，则为生蛋。

因为熟蛋在转动时，蛋壳蛋白蛋黄整体转动，故转动顺利。而生蛋在转动时，蛋壳受力转动，而蛋白和蛋黄不能成为整体，它们因惯性几乎停滞不前。于是，蛋壳的转动就被蛋白蛋黄拖慢了。

待鸡蛋转动一段时间之后，突然按停鸡蛋并立即松手。如果收手后不再转动，则为熟蛋；而松手后，鸡蛋还能摇晃着再转动几下的，则为生蛋。

熟蛋被按停后，蛋壳、蛋白和蛋黄都同时停止转动，松手后就保持静止了。而生蛋被按停时，只是蛋壳暂时停止，蛋白和蛋黄因惯性仍然转动，故松手后，能带动蛋壳继续转动。

在现实生活中，虽然把生、熟鸡蛋放在一起的可能性很小，需要判断生、熟鸡蛋的机会也很少。但这是一个有趣的物理问题。知道了判断生熟鸡蛋的方法，我们就能解决另外一个问题，这是历史上著名的问题。

1492年，意大利航海家哥伦布发现了新大陆，成了许多人心目中的英雄，被国王封为海军上将。可是，有些贵族却瞧不起他，认为他出身低微，无非沿海走了一圈，谁走到那个地方，都会发现那块新大陆，只不过他的运气好而已，并不见得有多大本事。还有的人对他的发现嗤之以鼻，出言讽刺他。

在一次宴会上，有人说，这没什么了不起，上帝创造世界的时候，不就已经创造了海西边那块陆地了吗？还有人说，谁都能穿过海洋航行，谁都能沿着岛屿的岸边航行，你即使这样做了，也是最简单不过的事情。

哥伦布并没有反驳，他从盘子中拿了一个鸡蛋，平静地说："女士们， 先生们，你们谁能把这个鸡蛋竖立在桌面上？"

鸡蛋从一个人的手里传到另一个人的手里，还有

旋转的鸡蛋

人在桌子上作了许久的尝试，可谁也没能把鸡蛋竖起来。哥伦布拿起鸡蛋，微笑着，不慌不忙地在桌子上轻轻一磕，鸡蛋破了一点壳儿，就稳稳当当地立在桌子上了。

"这有什么稀罕？"有人讥讽他说。

"这本来没有什么稀罕的，可你们为什么不这样做呢？"哥伦布笑着说。

这个故事是否真实，已无从考证。也许是后来的人为颂扬哥伦布的智慧而虚构的。

哥伦布的方法是不是最好的呢？比如，有没有办法，不磕破鸡蛋，就能把鸡蛋竖起来呢？有！那就是用手拧转鸡蛋，让它在桌面上立着旋转。这种方法是一般人都可以做到的，不需要专业的训练。

你也可以把煮熟的鸡蛋，先平放在桌面，用手拧动它使它快速地转动起来。仔细观察，你会惊喜地发现，待它转动数圈之后，突然会以一端站立起来，继续竖着转动。如果你的手法不够熟练的话，也许你看不到这种现象，但经过简单的训练之后，手法变得熟练了，再来做这个实验，这种现象就很容易产生。但必须用熟鸡蛋，生鸡蛋是竖不起来的。

按理说，熟鸡蛋也不能自行竖立起来转动。举个例子，一只苹果从树上落下，因为苹果受到重力的作用，牛顿就发现了万有引力。在这个过程中，能量也发生了变化，势能减小了。不仅仅是苹果，任何物体凌空落下，其势能都是减小的，这才是正常现象，也才符合自然规律。

可是，原来平放的鸡蛋，在快速自转的过程中，突然变成竖立转动，这是不争的事实。它的重心升高了，质量却没有改变。那么，它的势能一定会增大。有千千万万只苹果从树上掉下，势能都是减小的，但其中有一只苹果例外，它掉下时，势能反而增大，你会相信吗？不管你相信不相信，鸡蛋在旋转的过

旋转的鸡蛋

程中，会由水平旋转变成竖直旋转，势能就一定增大了。这真的是奇迹！

你可能今天第一次听说这个奇迹，但它却困扰了几个世纪的物理学家。势能的增加一定不是凭空的，一定有力对它做了功。有科学家认为，鸡蛋要从水平旋转，变成竖直旋转，一定少不了一个条件：桌面不能太光滑。换句话说，鸡蛋与桌面之间要有摩擦。摩擦使鸡蛋的侧面发生摆动，也就是摩擦力对鸡蛋做了功，鸡蛋旋转的能量，就有一部分转变成它的势能，这才符合规律。

生鸡蛋为什么不能产生这种现象呢？因为生鸡蛋内的蛋清和蛋黄是流体，在鸡蛋旋转的过程中，成了不稳定的因素，大大地消耗了能量，当然就竖立不起来了。

还有科学家在研究另外一个问题：鸡蛋是类球体，并不是真正的球体，它的一头大，一头小。那么，鸡蛋是用大头立起来，还是用小头立起来呢？许多次实验之后，科学家们得出了结论，鸡蛋用哪一头立起来，与鸡蛋无关，与初始的推力有关，也就是与鸡蛋起步时倾斜的方式有关。他们还研究了不对称鸡蛋的情形，这是一个更加复杂的问题。

科学家为什么要研究这些问题呢？原来，鸡蛋旋转模型，会对大气物理的研究提供思路。

百炼成钢

前几天，一朋友家搞装修，他问我，他家的护栏是用铁制品好，还是用不锈钢好？铁有生铁和熟铁之分，是用生铁好，还是用熟铁好？生铁、熟铁和钢有什么区别？他在市场上走了一圈又一圈，看得眼花缭乱，还是没有确定下来用什么材料。

我说，不就一装修吗？为什么这么纠结呢？生铁、熟铁，还是钢，都是没有毒性的，除此之外，不就是追求美吗？美是人的一种感觉，你觉得哪种材料美，就用哪种好了。如此辛苦，真是不值得。

从组成成分来看，生铁、熟铁和钢没有什么本质的区别。它们都是合金，是铁和碳的"混血儿"，它们的"老祖宗"都是铁矿石。生铁含碳量高，熟铁含碳量低。因而，生铁生硬而脆弱，可塑性弱；熟铁容易变形，塑性好，硬度较低。钢的含碳量介于它们之间，其"性格"自然也介于两者之间。

在影视剧里，我们见铁匠铺里的打铁人，把一块铁用炭炉烧红，拿火钳夹着使劲地敲打，让铁块变形，然后把铁块放在水里淬一下，顿时，水面冒出浓浓的白雾。这还没完，再把铁放在火炉里烧红，再敲打……如此反复多次。铁匠打的铁，可塑性强，它一定是熟铁了。铁匠反复敲打的目的，是给铁块加碳，且使加入的碳分布均匀，同时除掉铁里的杂质。百炼宝刀，就是叠打了上百次的铁块做的刀。

旋转的鸡蛋

　　有些铁器制品并不是锻打出来的，而是铸造出来的。也就是先做一个模型，比如一个大型机器底座的模型，这个模型可能先是用木头做的。然后，把这个木模型埋在沙子里面，把沙筑得很紧，直到取出模型，沙也不会变形。然后，把铁化成铁水，注入模型之中，铁水凝固之后，就是模型的样子了。这种铁的可塑性弱，只能以模型来铸造，一定是生铁。

　　生铁和熟铁有点像两兄弟，是从同一"娘胎"出来的。它们"出生"后的"性格"，与"娘胎"的状况有关。火炉的温度较低时，铁矿石不会熔化，被制成了"块炼铁"，它的含碳量低、质地软、杂质多。所以，它天生就有"软弱"的性质。如果火炉内的温度较高，铁矿石被熔化成了铁水，它的含碳量高，当它固定成形后就很硬。

　　百炼成钢，说明钢是铁的后代。它可能是生铁的后代，也有可能是熟铁的后代。把生铁打碎，加热，降低含碳量，就变成了熟铁，再对它增加含碳量，就变成了钢。钢还可以是生铁和熟铁的"结晶体"，也就是把生铁和熟铁合炼，变成适度含碳量的铁，也就成了钢。

　　不过我觉得，对于护栏而言，是钢是铁又有什么区别呢？百炼成钢还是铁，无论怎么去改变它，都改变不了它的本性。

兵服的设计

　　有人发明了一种战斗服，装有超微电脑和传感器。它有防护、隐形及通信等多种功能，能把间谍卫星、侦察飞机用以探测目标的微波大部分吸收掉，使其侦测不到目标，从而达到隐身的效果。传感器可以感知子弹的飞来而报警，士兵得到警报，就能轻松避开射来的子弹。传感器还可以感知血压、心率、体温等多项生理指标，监测士兵的健康状态。

士兵在野外作战、侦探，或许会穿越一片大森林，时间的长短是不能确定的。他们不能换衣服和洗澡，所以，科学家还要解决他们脏和臭的问题。有人发明了一种能够"捕捉"气味的纤维，可以吸收各种怪气味，并把它们"锁住"，直至遇到肥皂水，再将怪气味释放出来。这种纤维，即使长时间不清洗，也不会发出任何难闻的气味。

辐射和毒气是战场的"软杀手"，不能不防。研究者把服装设计成两层，外层处理外务，内层处理内务。外层采用一种特殊的防火纤维，有极强的牢度和韧度，可以有效地防止热辐射。它还有自行消毒的功能，毒液滴落在服装上，不仅会自动散开，还会在短时间内蒸发，这样就避免了毒剂进入衣服。

设计者对士兵的服装，更多的是考虑在野外的适应性。野外的未知因素太多，设计者能想到的，士

旋转的鸡蛋

兵在训练中遇到的，在实战中可能遇到的，都会在战斗服的制作中加以考虑。有人说，在野外不会缺少水源，那是你想象的。有时，一米外就有一股清泉，但士兵有可能就喝不上，因为稍微一动就会有暴露的危险。即使没有处于埋伏状态，水也可能被敌人下了毒。如果衣服里面已经自带饮用水，我们就不用担心了，通过衣领上的吸管就可以直接饮用。这些水可能是从军营直接加入的，也可能是收集了人体的汗液、尿液，经过特殊的装置，净化成了饮用水。

这种水里含有丰富的维生素以及其他营养成分，饮用后足以维持身体所需。在战斗或执行任务的过程中，人非常紧张，心理压力很大，也容易疲劳。这种水内注入了一种药物，对人的神经有兴奋作用，士兵饮用之后，即使24小时不睡觉，也不会犯困。

士兵在执行任务时，难免需要在水中潜行，潜水的时间还可能很长，这对他们的心理、生理以及潜水的技术都是一种挑战。一般的士兵不可能再准备一件潜水服，因此他们的服装就应该有潜水功能。

我们知道，北方的士兵在冬天都穿得很厚。轻装才能便行，这是常识。但在奇寒的天气，如果穿得太单薄，是很容易生病的。所以，他们的战斗服应该是可以供暖的。要让这种服装带电，有两种办法：一是用充电电池，一块电池充电之后，可以正常使用数小时。另外，它还可以即时充电，利用人体运动给它充电。这些电除了供应一些电子设备，比如导航仪、微型电脑以外，还会为衣服上的调温装置供电。这种调温装置，在衣服的内层形成一个小气候环境。这个环境的温度，不需要人去专门调节，而是在微电脑的控制下，对它进行控制和调节，使人感到舒适为最佳温度。所以，对于不同的人，穿着同样的衣服，其内层的温度都是不相同的。

不要以为不拿枪的就该怕拿枪的。在野外，蚊

虫和小咬可不把士兵当兵，它们爬到士兵的腿上、手上、脸上，甚至钻进裤子里，咬得人奇痒难忍，士兵既不能拍，又不能动，否则就会暴露目标。有人设计出一种蚊虫一叮就死的特种战斗服，这些战斗服用一种特殊的杀虫剂浸泡过，比传统的驱虫剂更有效，蚊虫触之即亡。

关于未来兵服，有的设计还在保密之中，我们只能拭目以待！

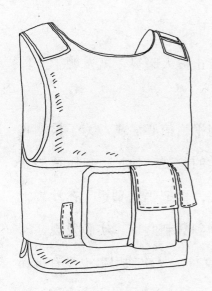

现代软猬甲

凡是看过《射雕英雄传》的人，都知道黄蓉有一个宝贝——软猬甲。

小说中，软猬甲是一件黑黝黝、生有倒刺的护体神衣，削铁如泥的宝剑也不能损其分毫。这样一件神衣穿在身上，自然妙用无穷，不但刀枪不入、百毒不侵、保暖护体，还是身份的象征。有了它，黄蓉遍行

江湖，历经磨难，逢凶化吉。

有一位的哥，为了防止被人暗算，就发明了一件"软猬甲"。

的哥对自己的"软猬甲"信心满满，为了检测它的防护能力，还作了科学的测试。他把一包压瘪的沙袋放在磅秤上，用之垫底，再把"软猬甲"在沙袋上展开。实验时，用快刀利剑猛刺此甲。实验发现，磅秤的瞬时计数超过200千克时，"软猬甲"也没有被损坏。由此可见，该"软猬甲"具有很强的防护能力。

的哥的"软猬甲"，防护能力可能是一流的，但适用性却是二流的。从材料上来看，它有较强的抗力，但肯定也很笨重和呆板，穿起来舒适度很差，人活动也不会很灵活。

对软猬甲感兴趣的，并非的哥一人。

众多的产品，都是从材料的硬度入手，增强它的抗护力。所以，这类产品有一个共同的缺点，那就是笨重和呆板。

我们需要这样的"软猬甲"：从外观上看，它与普通衣服没有差别，穿起来也很柔软、舒适，但抵抗能力却很强。这样，它的实用性就很大了。科学家发明了一种液体，这种液体非常特殊，普通的衣服只要在里面浸泡过，就会变得有很强的抵抗力。但是，衣服并没有失去本来的面目，还是那么柔软轻盈，穿起来的感觉还是那么舒服。柔弱的表面，掩饰着无形的坚强。为什么不用这种液体浸泡头盔、裤子、靴子、面罩和手套呢？如此说来，用这种液体浸泡之后的衣物，就轻易地给人增加了一道防护墙，人的防护能力自然就是一流的了。

这是一种什么液体呢？它神奇的功能、奇妙的效果、非凡的用途，不得不让人怀疑！但仅用肉眼观察并没有发现它有什么特别之处。液体呈淡蓝色，就像一杯勾兑的颜料。用棒轻轻地搅拌，也不觉得它有什

么特别之处。它特殊在哪里呢？当你用棒快速地搅拌时，你才会发现，它具有普通液体不具备的个性：搅拌的速度越大，它就变得越稠，黏性就越大，很快就搅拌不动了。

明明是一种液体，为什么会变成这样呢？更加奇妙的是，当你停止搅拌之后，它又会变成普通液体的样子。科学家说，这种液体能呈现与众不同的特性，是因为其中有一种特殊的粒子在"作怪"。

在没有外力冲击时，这些粒子"和睦相处"，互不干扰，使得物质呈现液态。一旦受到外力的冲击，粒子就会剧烈地运动起来，彼此发生频繁的碰撞，导致物质的形态发生改变，有呈现固态的趋势。

这真是一种奇怪的现象！正因为如此，它变得与众不同，受到追捧和青睐。用这种液体浸泡过的衣物，一受力就变硬，力一消失，它就恢复到非常柔软的状态。

它的用途并非只能用来抵挡子弹，在许多的行业都是大有可为的。它可以用于制造防护服、汽车装甲、头盔和手套，不但能够为军人和警察提供保护，也能为任何危险行业，如矿工、建筑工人等提供更舒适的工作服。比如，在建筑工地，一小伙子从很高的楼梯上滑下，鞋底触到一根长长的钉子，因为人体下坠的力量很大，那根钉子穿透了鞋底，把他的脚也戳穿了。如果他穿着用特殊液体浸泡过的靴子，那根钉子对鞋底就无能为力了。利用它制作的新型防弹衣，平时柔软舒适，一旦遭到刀等利物砍、刺，或高速子弹、弹片冲击，就在受到冲击的瞬间变得坚韧无比，而且能将冲击力沿织物迅速分散开来，大大降低单位面积的压力。

此外，还可以用它制作防爆毯，覆盖在可疑包裹或未爆炸的军火上，甚至可以用在伞兵靴上，这种靴子在碰撞时可以变硬，从而保护伞兵的脚踝。

旋转的鸡蛋

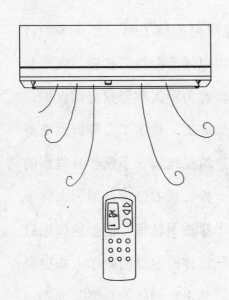

空调的温度

你了解空调的温度吗？我们常说的空调的温度，叫设定温度，就是人们打开空调之后，少不了要设定的东西。除此之外，空调还有出风温度、房间温度和显示温度。

有一次我与两位朋友到茶楼喝茶，朋友说自己忒怕热，请服务员把空调的温度设置低一点。过一会儿，朋友说为什么还这么热呀，不是说把温度调低一点吗？我劝他少安勿躁，因为设置温度并不等于房间温度。他大光其火：既然如此，为什么还要设定温度呢？我只得给他解释，设定温度的作用在于控制压缩机的开停。降温到设置温度时，压缩机就停机；温度回升了，压缩机再开机工作。如果一直达不到设定温度，压缩机就一直不停地工作。

我告诉朋友，这一点与冰箱是一样的。我们有的时候听到冰箱在响，那是冰箱在制冷。过一会儿，冰箱不响了，那是因为冰箱达到了设定温度，制冷暂停了。再过一会儿，冰箱又在响了，那是因为冰箱内的温度回升了，它再制冷，直到设定的温度为止。

1901年，纽约的夏季非常炎热，空气湿度大。这可急坏了许多印刷厂的老板，他们的印刷出现了质量问题，油墨老是不干，纸张伸缩不定，印出来的东西

旋转的鸡蛋

模糊不清。有一家印务公司，老板名叫威廉斯。他不想被天气"牵住鼻子"，就向制造供暖系统的布法罗锻冶公司求助，希望他们能为他提供一种能够调节空气温度和湿度的设备。就是这个看起来非常平淡的点子，催生了空调的发明。

卡里尔，是布法罗锻冶公司的工程师，一个善于思考的年轻人。卡里尔想：暖气管供暖的原理非常简单，就是在管道里充满蒸汽，空气吸热变暖。如果把蒸汽换成冷水，再让空气吹过水冷管，周围的空气会不会变凉爽呢？空气的温度一旦降低，空气中的水分子就会液化成小水珠，水珠滴落，空气就变冷、变干燥了。有了设计思路，就付之行动。经过不断研究、实践、改进，卡里尔终于在1902年为威廉斯的印务公司，安装了世界上第一台空气调节器（简称空调）。

从炎热的室外走入打开空调的室内，我们顿时感觉凉透骨髓。再看一看放在桌子上的温度计，你会惊叹道：哇！只有24℃呀！这个24℃就是房间温度。房间温度是动态变化的，空调不断向外抽热，室外的热量又从各种孔隙渗入，二者渐渐达到动态平衡。

许多空调都有"显示温度"，那么空调显示的是哪一种温度呢？挂壁式空调一般都有进风和出风两个端口，空调的"感觉器官"温感器设置在空调的进风口。所以，空调显示的是"感觉器官"感受到的进风温度。

每到炎热的夏日，许多人都容易患上"空调病"。究其原因，主要是把空调的温度设置得太低。不仅如此，有些人还喜欢使用空调的高风挡，且习惯直接对着空调吹，几个小时下来，凉快倒是凉快，不生病才是怪事！所以，我们不能把温度设置得太低。刚打开空调时，室内外温差在7℃左右比较适宜；如果需要长时间处在空调房内，可以把温度设置在26℃，这是人体感觉比较舒服又比较省电的温度。

混响与歌声

我们知道，地球是一个巨大的混响器。声音在地球表面以波的形式向外传播的过程中，会遭遇各种各样的障碍物。这些障碍物会把声波吸收一部分，反射一部分。当声源停止发声后，声波会经过多次反射和吸收，最后才消失。于是我们就产生了错感，以为声音还在继续产生。声源停止发声后，声音并没有停止的现象，叫做混响。"余音绕梁，三日不绝"，虽然是一种夸张的形容手法，但从物理学的角度讲，它就是一种混响现象。

混响是生活中的常见现象，我们经常遇到，只是没有引起注意，也没有引起思考。混响有时是有用的，有时还会起负面作用。

我们用三个例子来说明混响的作用。假设你是一位歌唱家，并且拥有许多粉丝。有一天，你在一个广阔无垠的原野上，在既没有音箱也没有伴奏的情况下清唱，只需要唱一句，你就不想唱了，因为你觉得自己的声音太单调了。另一种情况是，本来你觉得自己的嗓音并不怎么样，甚至唱起来还跑调，但当你在歌厅唱歌的时候，你会有一种歌唱演员的感觉。因为在歌厅你使用了一套很出色的音响设备。还有一种情况是，在很高的调子你都唱得上去，但如果你到了一个

旋转的鸡蛋

音箱设备很差的歌厅，可能你在其他歌厅可以唱上去的歌，在这里就唱不上去了，你的嗓子会有种干涩的感觉。

在原野上唱歌你当然感到困难，因为原野上障碍物太小，少有混响，声音进入人耳的次数太少，听起来就很单调。第二、三个例子的差别不在唱歌的人，而在于音响。很高的调子你都唱得上去，并不是你真有这种本领，而是因为这里的音箱有混响的效果；在很差的歌厅你的嗓子有干涩的感觉，是因为音箱的混响效果太差了。

某非常著名的歌唱家，粉丝遍布全国。有一次，他到某地演出，那效果真是让全场的观众热泪盈眶。歌唱家的歌唱完后，全场顿时响起了雷鸣般的掌声。那掌声持续的时间很长，每一个观众，都没有吝啬自己的力气。主持人站到了舞台的中央，等待报出下一个节目大家停止了鼓掌。这时，奇迹发生了，音响里面传出一阵又一阵的掌声。所有的观众都感到很奇怪，他们东瞅瞅，西看看，没有人鼓掌呀！怎么掌声还在响呢？

原来歌唱家并没有真唱，而是使用了录音。他的歌声是在录音棚录下的，再在后面加上一段掌声。演出时，就用录音带直接播放，他只需要在台上对一对口形，这就叫做假唱。这时，观众才知道自己上当了，以为见到了真人，听到了真唱。歌唱家为什么会这么做呢？一是为了省力气，在他看来，真唱起来不伤气都会伤力，但这不是主要原因。

歌唱家到全国各地去演出，有些地方的音响很好，也就是他真唱起来的效果也会很好；但有些地方的音响很差，他唱起来就会很吃力，听起来也不一定舒服，那样会影响他的形象，所以就假唱。

混响有时也会起负面作用。对讲演厅来说，混响时间不能太长，否则，我们就听不清楚说话的声音。

混响与歌声

旋转的鸡蛋

比如说"你好"，在发出"你"之后，虽然声音逐渐减弱，但还是要持续一段时间，在发出"好"的时刻，如果"你"的声音还相当强，这两个字的声音就会混在一起，我们就什么也听不清楚了。但是，混响时间也不能太短，太短则响度不够，也听不清楚讲话的声音。所以，应该有一个最佳的混响时间。

不同的大厅，设计的最佳混响时间是不同的。音乐演奏的混响时间，应该比讲演的混响时间长一些；轻音乐要求节奏鲜明，混响时间要短些，交响乐的混响时间可以长些……对于高级的综合性的演出大厅，为了满足不同的要求，需要人工调节混响时间。调节的方法之一是改变厅堂的吸声比例，在厅堂内安装一组可以转动的圆柱体，柱面的一半是反射面，反射强、吸收少；另一半是吸声面，反射弱、吸收多。把反射面转到厅堂的内表面，混响时间就变长；反之，混响时间就变短。

高水平的音乐会都不使用扩音设备，为的是使听众直接听到舞台上的声音。为了让全场听众都能听到较强的声音，音乐厅的天花板上挂着许多反射板，这些反射板的大小、形状、安放位置和角度都经过精确设计，可以把舞台上的声音反射到音乐厅的各个角落。

我与火罐之缘

　　拔火罐古已有之，到底是谁发明的很难考证。《本草纲目拾遗》中有"火罐气"之说，《外科正宗》中又称"拔筒法"。古人拔火罐不是用于保健，而是用于治疗疾病，且多用于外科痈肿。古之"火罐"比今之"火罐"讲究，一般都是用牛角精心磨制而成，这种东西只有那些专业的医生手里才有。后来，牛角罐逐渐被竹罐、陶罐、玻璃罐所代替；治病范围也从早期的外科痈肿，扩大到风湿寒热酸痛诸症，再到今天的美容、减肥、保健；施罐者也由过去的专业人员，发展到今天人人皆能。

对于拔火罐，许多人知其然而不知其所以然，时常滥用。拔火罐利用了负压原理，也就是排出罐内的部分空气，使罐内的气压减小。因负压作用，人体的气压大于罐内的气压，就会有少量的液体、气体从毛孔溢出，使局部毛细血管的通透性发生变化，少量血液进入组织间隙，从而产生淤血。功效为逐寒祛湿、疏通经络、祛除淤滞、行气活血、消肿止痛、拔毒泻热、调整人体的阴阳平衡、解除疲劳、增强体质，达到扶正祛邪、治愈疾病的目的。

传统拔火罐的方法，是点燃蘸有酒精的棉花球，用镊子将棉花球送入火罐，加热罐内空气，使空气膨

胀而排出火罐，然后迅速把罐口扣在人体肌肤上。罐似乎被人吸住了一样，不会掉下来。这显然是一种负压作用。罐外的气压大于罐内的气压，罐被大气压在了人体上。

不就是负压吗？有人想到了真空泵。为什么不把火罐内的气体抽掉呢？于是，有好事者在火罐上设计了一个活塞，活塞上有一个小开关。在拔火罐的时候，把火罐口先扣在人体肌肤上，将真空枪（也就是一种小型的真空泵）口套在火罐的活塞上，轻轻快速地提拉真空枪的拉杆，数次之后，罐内大部分的空气被排出。因负压的原因，人体皮肤微微隆起，大气也就把火罐压在了人体之上，然后将真空枪轻轻地退出。因火罐的活塞具有单向导气性，罐外的气体也就不会跑到罐内去。大约十分钟之后，再将罐具顶部活塞向上提一下，空气进入罐内，罐就自动掉下。

从作用效果来说，两种方式完全一样，都是在罐内产生了负压，只是产生负压的原理略有差异：第一种方法是通过加热的方式，使罐内的空气变稀薄而产生负压；第二种方法是用真空枪向外抽气，使罐内的空气变稀薄而产生负压。

有许多美容机构，以拔火罐的方式为肥胖者减肥，并大肆宣传说这种方式没有任何副作用，还冠以"古方"、"传统"、"秘方"等字眼。还有一些美容院，用一个听起来比较陌生的名字，冠名自己的减肥方式，顾客最后发现，其实也就是拔火罐，加上穴位推拿。

现代医学也认为，火罐内的负压作用，能疏经通络、平衡气血、调整内分泌、加速血液及淋巴液循环，从而改善人体机能，加快人体新陈代谢，增加脂肪的消耗，从而达到减肥的目的。实验者普遍认为，这种减肥方式是物理的，对人体没有副作用。

奇幻的世界

　　科学上的许多发现，都出现在人们的不经意中。1979年的一天，哈奇森在做波的实验时，由于实验场地有限，那些用来产生电磁场和波的设备，比如线圈、高频发生器等，只能勉强塞入到一个小屋子里。这个小屋子，既是他的"研究所"，又是他的实验室。

　　哈奇森对自己的实验充满信心，因为他在以往的实验中，要么发现了新奇的现象，要么找到了实验的乐趣。在他安装和检查完所有的实验器材之后，他把所有的仪器都打开，然后期待着实验现象的发生。

神奇的现象出现了：哈奇森突然感到有东西落在肩膀上，他斜眼一看，是块金属片，他也没怎么在意，把那块金属片扔了回去，可它却又飞了过来，打在他身上！呵呵！金属片似乎变成了飞去来器！再看看其他器材，他简直不敢相信自己的眼睛：放在地上的一根大铁棒竟然飞了起来，在空中悬浮了一秒钟，然后"砰"的一声，又摔到了地上！

他迅速关掉所有的实验仪器，然后坐在椅子上，大脑里还浮现着刚才的情景。那现象太奇怪了！是什么力量让物体飞起来了呢？这是偶然现象吗？会不会有重大的科学发现？他一时还理不出头绪来！

也许是偶然现象吧！何不再做一次实验，看看有什么现象发生？哈奇森重新整理了器材，并小心地打开各种仪器开关，令人惊骇的现象再次发生了：物体持续飘浮起来，木头、塑料、铜块、锌块，它们会在

旋转的鸡蛋

空中盘旋，来回穿梭，形成漩涡并且不断升起，有些物体甚至会以惊人的速度自动抛出……

这次哈奇森没有立即关上开关，而是一边欣赏这神奇的现象，一边思考产生这种现象的原因：物体悬浮起来，一定有力的作用。力来源于哪里？是磁现象，还是电现象？与物体的种类有没有关系？与物体的位置有没有关系？

但这样的魔幻效应并不是时时都发生，在后来的几次实验中，他并没有看到类似的现象。可在过了几天的实验中，他又再次看到了这一神奇的现象。这些现象的产生一定有它的原因，也就是说，如果探究清楚了发生这些现象的原因，将会有了不起的科学发现。

哈奇森想，魔幻效应有时发生有时不发生，是否与实验器材的相对位置有关呢？哈奇森对实验器材的位置不断地调整，并不断地实验。果然，实验现象的发生，与实验器材的相对位置有关。哈奇森终于摸透了魔幻效应的"脾性"，可以很快制造出魔幻场景了。

哈奇森实验的成功率越来越高，现象也越来越奇特：镜子自己碎裂，碎片能飞到100米之外；金属会卷曲、破裂，甚至会碎成面包屑状的粉末；不同的金属可以在室温下熔合在一起，有的金属可以变成果冻或泥的状态，当仪器所产生的场被撤走后，它们会重新变硬；空中出现光束，紧接着无数光环显现，与此同时，容器中的水开始旋转……

哈奇森实验现象产生了极大的轰动效应，人们称之为哈奇森效应。对于哈奇森效应产生的原因，人们有许多的猜测。有人认为，这种效应就是那些实验仪器的古怪组合而导致的，它们发射出的电磁波互相干涉，产生出某种奇特的能量……

但有人又对能量的大小提出了质疑：如此微弱的

旋转的鸡蛋

电磁力为何能够产生这般强大的力量？也有科学家猜测，哈奇森是在无意中"触碰"到了"零点能"——量子在绝对零度时仍然保持振动的能量。研究表明，有一种叫"量子真空"的物质状态，其电磁场的总能量处于最低程度，这是一切物质运动及能量场的最原始状态，此状态潜藏着巨大的能量。

但是零点能是如何被激发出来的呢？有人认为，哈奇森效应的发生与实验器材的相对位置有关，这是非常重要的实验条件。此实验条件说明哈奇森效应需要一个相互交织和影响的电磁场，零点能就在这种电磁场中被激发出来了。

这也许不是哈奇森效应产生原因的最终结论，一切还有待科学家的进一步研究和诠释。

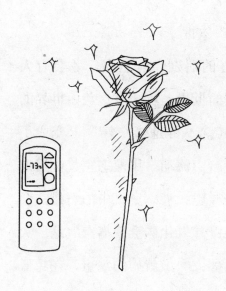

低温的诱惑

在超低温下，现有的物质世界被颠覆，物质会呈现另外一副"面孔"。铅，不再是今天看到的铅，它"倔强"起来，有了弹性；锡却变得很"软弱"，稍一用力就会成为粉末；而水银则不能再流动，变成了"端庄"的固体；铝、锌、钼、锂等23种纯金属和60

旋转的鸡蛋

多种合金，都会"失去"本性。

空气，是我们最好的朋友，有它在，才会有人在，我们才会看到美丽的世界。可一旦这美丽世界的气温降至超低温，空气就不再是"空气"，变成了"空液"，浅蓝透明，自由流动。用液态空气洗浴过的梨子，变得像玻璃一样脆；液态空气中的石蜡，会像萤火虫一样发出荧光；二氧化碳会脱离空气这一大家族，变成雪白的结晶体；一敲就碎的鸡蛋，在超低温下不仅不碎，摔在地上还会像皮球一样弹起；平时富有弹性的橡皮变得很脆；钢铁在超低温下变成了"豆腐"。

人们在描写鲜花时创造了许多词语：鲜花怒放、含苞欲放、蓓蕾初绽……这些词语无非想说明花的娇、鲜、艳、柔。我们很难想象鲜花在超低温下的样子。在超低温下，我们不能再用这些词语来描述花了，因为这时的花变成了冰花，像玻璃一样亮闪闪，轻轻一敲，就会发出"丁当"的响声。

我们不妨大胆地想象一下，如果超低温突然降临整个地球，地球会变成什么样子呢？高山、大海、植物、动物，包括我们人类会变成什么样子呢？

许多物质在超低温下不仅有了新的特性，而且不会变成"坏东西"。于是，科学家研究出了一种制冷可达零下一百多摄氏度的冷藏柜。这种冷藏柜可以用来贮存非常贵重的物品，比如细胞、血液和骨髓，甚至还可以用来贮存人的尸体。

1967年1月，美国著名心理学家詹姆斯·贝德福特在得知自己患了肺癌时，便痛下决心，把自己所有的存款投入医院，请求将自己做冷冻处理。科学家们把他的体温降至-73℃，用铝箔将他的身子包了起来，装进低温密封储藏仓，最后用-196℃液态氮急剧降温。几秒以后，贝德福特的身体变得像玻璃一样脆了。贝德福特曾留下遗言，希望人类有一天能征服癌症，并

且找到将冷冻的生命复活的方法，使他能从密仓里活着走出来。据说，现在美国已有300多个期待复活的冰尸。

在超低温下，物质还会呈现另外一种神奇。

1911年，荷兰著名的物理学家卡默林·奥尼斯把水银冷却到了-269℃。这是很低的温度。按照他的思维，在如此低的温度下，物质一定会呈现另外一种景

象。这时的水银已经凝成了固体，他给水银通电，然后测量它两端的电压。这时奇迹出现了：水银没有电阻。

这是幻觉吗？奥尼斯非常

激动，如果这是真的，自己就发现了一个新的世界！
为了进一步证实实验结果的准确性，他设计了一个更
精密的实验。把水银冷却到接近绝对零度，用它做成
一个环路，放在一个磁场中。然后把磁场突然撤掉，
由于电磁感应作用，在水银环路中便产生了感应电
流。如果水银内确实没有电阻，感应电流就会毫无损
耗地长期流下去。

　　这一神话被他们演变成了事实。几年之后，水
银环路里的电流，确实没有一丝一毫的衰减。人们把
这种现象称为"超导"现象，把失去电阻的导体叫做
"超导体"。后来，人们发现，不光是水银，许多元
素如铅、锌、钽、锡、锂、铝、铌、钼等，以及金属
合金、化合物，在低温世界里都具有超导性能。这些
物质为什么会产生超导现象呢？

　　科学家经过研究之后得出了结论：在常温下，这
些物质处于正常状态，它的原子（实际是失去部分电

子的正离子）都排列成整齐而又规则的结晶结构——晶格，并且不停地做热振动；而脱离了原子的自由电子则弥散在晶格的空间，毫无秩序，所以叫做电子气。当导体加上电压以后，电子在电压的作用下做定向移动，与振动着的原子频繁碰撞，电子受到的这种阻碍作用便是电阻的来源。

在临界温度以下，超导体处于超导状态，在晶格上的原子振动大大减弱了，原来毫无秩序的自由电子都结成有秩序的电子对了。这时，秩序井然的电子对就很容易滑过晶格空间，变得畅通无阻。因此，电阻消失了。

非常奇怪的是，这些自由电子为什么会成对活动呢？原来，在电子之间除了静电斥力之外，还存在一种通过晶格振动的间接作用而引起的吸引力。当温度下降到临界温度的时候，电子间的吸引力便大于静电斥力，所以就会结成电子对了。

需要说明的是，这种超导电性仅仅是对直流电而言的。在交流电的情况下，超导体不再具有超导电性，而会出现交流损耗。

那么，这种超导体有什么实际的意义呢？如果采用超导体材料，发电机的输出功率可以一下子提高几十倍，甚至上百倍；或者使发电机体积大大减小，发电成本也大大减少。据统计，目前世界上的电能，大约有四分之一在输电线路上白白地损耗掉了。如果用超导体材料做成超导电缆，那么，世界上的总发电量就相当于增加了25%。

当然，广泛采用超导体材料也不那么容易。现在发现的那么多超导体材料，临界温度都非常低，在电力工业上应用成本太高。因此，科学家们正在努力研究临界温度比较高的超导体。

奇妙的氙

人们常说"人往高处走，水往低处流"，这似乎是亘古不变的真理。但世上没有绝对的东西，在新疆的乌恰，有一条名叫什克的小河，这条小河呈南北走向。小河的流水古灵精怪，颠覆了水流的普遍规律，梦幻般地从上游的低洼之处，沿着山坡向上流动，最后奇迹般地爬上一个小山包。河水在山包上转了两个弯，然后在山包的另一侧，又顺着山坡向下游流去。驻守在小山包上的边防战士，天天利用河水洗衣、做饭。测绘人员曾实地勘察，测量出山包与上游河面的相对高度是14.8米。不少地质学家亲临考察，却探不出科学的原因。

无独有偶，洛阳新安有一个龙潭大峡谷，也有颇为相似的奇观。12亿年前，这里还是一片汪洋大海，由于地球的板块运动，沧海桑田，成就了这里的高山峡谷。峡谷绵长，谷深峡窄，石奇荫绿，瀑飞潭幽，真是现代桃园、人间仙景。仙景中还有一"神来之笔"，那就是"水往高处流"。在峡谷中部，大约50米长的溪流，由低处缓缓向高处流动，很多游客疑似梦游仙境。同样，地质学家也不得其要领。

上面讲的是自然奇观。有人做了一个表演，把一个小杯子放在一个大杯子里，小杯子里面盛放着液体，然后使液体降温。当温度降低到一定值时，发现小杯子里面的液体，会自动地沿着杯子的壁向外"爬"出去，流进大杯子，一直到大、小杯子的液面相平为止。

旋转的鸡蛋

这是一次魔术表演吗？不是！这是一次科学实验。表演者在小杯子里面盛放的是液态的氦，当液体氦的温度降低到-270.96℃的时候，就发生了这一奇观。

为什么有这种现象发生呢？原来，氦是一种很有"个性"的液体，即使在绝对零度，也保持着液体的状态。到目前为止，科学家还没有发现第二种像它那样"倔强"的物质。但在极低温度下，氦的黏性会消失，此时它在任何东西上流动，都不会受到阻力，以至发生"红杏出墙"，爬上容器壁，翻跃入另外一个容器的现象。我们把这种液体称为"超流"，把这种能自动"爬"出容器的现象称为"超流现象"。

超流氦除了能爬上容器壁，还能穿透毛细孔。陶瓷杯壁其实有许多毛细孔，只是我们的肉眼看不见而已。陶瓷杯能盛水，是因为水有黏滞性，所以无法穿透陶瓷杯的毛细孔。但超流氦没有丝毫黏滞性，因此可以毫不受阻地穿过陶瓷杯，使杯内液面下降。在超流氦的"眼里"，陶瓷杯就如网状杯。

如果在超流氦内插一根很细的管子，超流氦就沿着管子的内壁上升，从管口喷出，形如喷泉，永不停止，这就是喷泉现象。这是人造的另一奇观，其原理与爬壁现象一致。

尽管超流氦没有黏滞性，但如果用一细丝悬挂一薄盘浸于液氦中，让圆盘作扭转振动，则盘的运动将受到阻力。此外，超流氦的导热性也是一流的，其热导率为室温下铜的800倍。

了解了超流氦的特征，似乎觉得它有无限的潜能。关键是它对人类有什么用处？

20世纪70年代，科学家观测到氦3有超流现象。氦一共有8种同位素，氦3是其中之一，它的原子核有2个质子和1个中子，是稳定的同位素。

对人类而言，超流氦的爬壁能力、喷泉现象都是

浅表的，重要的是氦3有新能源的潜质。当氦3和氦4以一定的比例相混合后，温度可以降到接近绝对零度。当氦和氢的同位素氘发生核聚变反应时，与一般的聚变反应还不一样。其聚变过程不产生中子，可以说，其放射性污染非常小，即便是放在心脏部位，也不会对人体造成太大的损害。氦3发生的聚变反应非常容易控制，释放的能量也充足。

但是科学家发现，氦3在地球上的储量非常少。在月球上，它的储量却非常可观。大部分氦3，都集中在富含钛铁矿的月壤中。估计整个月球可提供71.5万吨氦3。这些氦3所能产生的电能，相当于2010年美国发电量的1万倍！

从20世纪90年代开始，以中国、以色列、日本、印度等国家为代表，人类掀起了新一轮的探月高潮，氦3元素是探月计划的目标之一。从月球土壤中每提取1吨氦3，可同时得到6 300吨氢、70吨氮和1 600吨碳。

氦3不仅可用于地面核电站，而且特别适合作为火箭和飞船的燃料，用于宇宙航行。据专家计算，如果采用氦3核聚变发电，美国年发电总量仅需消耗25吨氦3，全世界一年有100吨氦3用于发电就够了。

以目前全球电价和空间运输成本算，1吨氦3的价值约40亿美元，而且随着空间技术的发展，空间运输成本肯定将大大下降。最近法国科学家宣布，2030年，利用氦3进行核聚变发电将实现商业化。据估算，如果月球上有500万吨的氦3储量，那就能够支持地球万年以上的用电量！

低温烫伤

那年冬天，天气格外寒冷，班上流行一种"电暖器"。这种电暖器小巧玲珑，还有一个好看的袋子，可以背在身上，使用起来也很方便，每次只需要充电大约一小时，就可以保温四小时左右。

提起电暖器，一位同学讲了一件非常奇怪的事。她家是开冻库的。一个周末，天气非常寒冷，她父亲穿着厚厚的大衣到冻库取放东西。当她父亲从冻库出来时，已经冷得发抖。她见状，立即把自己的电暖器递给父亲。父亲接过电暖器，双手捂着，并把它靠在脸上。过了一会儿，父亲说脸和手都有痛的感觉。她发现父亲的脸上和手上都有被烫伤的水泡。水泡周围红红的，就像刚被开水烫过一样。

是不是电暖器的温度太高了？她迅速地取回电暖器，发现电暖器的温度并不高，摸起来非常舒适。但父亲确实被烫伤了，是什么东西烫伤了父亲呢？

幸好这次烫伤不是很严重，医生给他敷了药，说休息几天就没事了。她问医生是怎么回事，医生说这是低温烫伤。

高温烫伤很常见，低温烫伤从来没有听说过。

其实，低温烫伤也很常见。一些物体，虽然温度不高，但如果皮肤长时间接触这些物体，而它们的温度又高于人的体温，就会把人的皮肤烫伤。一般说来，皮肤接触70℃的温度持续一分钟，就可能被烫伤；而当皮肤接触近60℃的温度持续五分钟以上时，也有可能造成烫伤。这种烫伤就叫做"低温烫伤"。

旋转的鸡蛋

低温烫伤人人都有体验，只是我们没有太在意。比如，有些人冬天有泡脚的习惯。泡脚的时候，水温很高，脚放下去有痛的感觉；脚取出来时，很红，依然有痛的感觉。这时脚已经被烫伤了，这就是低温烫伤。

一般说来，低温烫伤不会有很严重的后果。只要皮肤短时间与低温热源接触，也仅仅烫伤真皮浅层，出现轻弱的红肿；稍稍严重一点，会出现细小的水泡。如果皮肤长时间接触低温热源，可能就会很严重，会烫伤真皮深层，甚至烫伤皮下各层组织。

人们平常了解的烫伤，都是开水或蒸汽造成的高温烫伤。低温烫伤与高温烫伤有一些差异，绝大多数时候的低温烫伤，疼痛感不十分明显，创伤面不大，看上去不太严重。当然也有严重的低温烫伤，与高温烫伤差不多，皮肤红肿，产生水泡。非常严重者，会造成深部组织坏死，如果处理不当，会使皮肤溃烂，长时间都无法愈合。

　　所以烫伤不能轻率地处理。一旦发生低温烫伤，要先用凉毛巾或凉水冲一下烫伤处，以达到降温的目的；最好是及时到医院就诊，因为自己处理得不好，容易引起烫伤处感染。低温烫伤严重的话，会伤及皮下深层组织，治疗的时间会加长，治疗也比较麻烦。特别严重的烫伤，仅仅通过局部换药的方法很难治愈，只好用手术的方法把坏死组织切除。

　　低温烫伤是很常见的，有时会造成很严重的后果，一定要十分重视。有一位中学生，特别地怕冷，用空调又觉得空气太闷，所以选用电热毯睡觉。而且整晚都使用高温挡，一觉睡到天亮。每天起床后，他都会觉得后背发痒，但也没太在意。过了几天，他觉得皮肤有微微疼痛的感觉，以为是电热毯的温度太高了，于是他上床一会儿后，就把高温挡改为低温挡。半夜，他被冷醒了，于是又把低温挡改成高温挡。早

低温烫伤

上起床的时候，他感觉皮肤特别疼痛，才发现后背的皮肤已经起了细小的水泡。

所以，睡觉时，电热毯的温度不要设得过高，也不要整夜使用。在使用热水袋取暖时，水温不易过高，热水袋外面最好用布包裹隔热，或放于两层毯子中间，使热水袋不直接接触人的皮肤；热水袋不要灌水太满，装70%左右热水即可，并赶尽袋内的空气；不要挤压热水袋，注意把盖拧紧，防止水流出来。

使用电暖器取暖的时间不要过长，最好是睡觉前放在被子里暖暖被窝，睡觉时取出来，尽量避免整夜置于被窝内。如果想睡觉时放在脚下取暖，要用毛巾把电暖器包上，不要使热力表面直接作用在皮肤上。

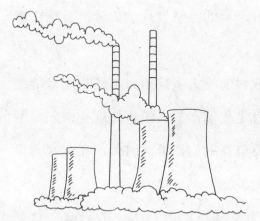

烟囱今昔

现在有许多孩子已经不知道烟囱为何物了。虽然现在不少家庭仍有烟囱，但都修得很隐蔽，根本看不出在什么地方。现在的烟囱与传统的烟囱相比，虽然用途一样，但在结构上已有差别。现在的烟囱，与抽油烟机的排气管连在一起。而传统的烟囱，直接与炉子连在一起！炉子点上火，炉内的空气受热膨胀，热

气夹杂着烟尘上升，新的冷空气从炉口流入，这样燃烧就会更旺。

当然，现在农村的绝大多数地方，还是用最传统的烟囱排烟，也就是把烟囱与火炉直接连在一起。所以，到农村去，可以在人们做饭的时候，在一家一户的屋顶上，看到炊烟袅袅。

有些美国人为了减小烟尘对本地的影响，总是把烟囱修得很高，根本原因在哪里呢？烟囱里气体的温度很高，密度很小，比冷空气的密度要小很多，因而冷热空气间会产生压力差，对烟囱内的热空气形成抽力，致使热气上升到烟囱的顶部冒出。烟囱修得越高，冷热气体间的压力差就越大，烟囱内形成的抽力也就越大，炉内的烟尘就能尽快被排出，使越来越多的新鲜空气更快地流入火炉，燃烧也就更充分！

但是，一家一户的烟囱不必修得很高，因为炉内的燃烧物不是很多。高烟囱总是为那些大火炉准备

的。比如，大型的发电
厂，每天要吞进大量的
煤炭，在燃烧的过程中
需要大量的新鲜空气，
也会产生大量的废气。
正因为如此，发电厂一
定修有高烟囱。

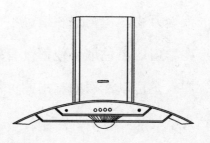

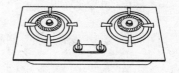

　　烟囱在古代被称为
"窗"或"灶突"。我
们现在还常常说"开天窗"，就是在屋顶开一个洞，
也就是烟囱了。古代人们说，一间房屋里有三种洞：
一是开在正面墙上的，叫做门；二是开在侧面墙上
的，叫做"牖"，也就是现代的窗户；三是开在屋顶
上的，叫做"窗"，也就是烟囱。

　　古人称之更多的是"灶突"，这是不是古"烟
囱"之小名？我们知道李时珍是一位伟大的医学家，

旋转的鸡蛋

天地万物，他都想知道可不可以用来治病，就连"烟囱"内的黑色烟灰他都没有放过。李时珍说，"灶突墨"是可以治病的。由此可见，古人是把"烟囱"称为"灶突"的。

古人习惯形象思维，"凡灶突高，视屋身，出屋外三尺"（《营造法》记载），形象地勾勒出它的外表体征。如果还要描述"烟囱"的动态特征，那展示给我们的是更美丽的画面：每每到了做饭时，青烟袅袅，冉冉上升，轻盈飘逸；再加上鸡犬相闻，这才是对"人间烟火"最恰当的诠释。

古人不仅记载了"灶突"，还给我们留下了一个可供研究的"活"物——青铜炉灶，一个距今2 500年的工艺品。设计师独具匠心：以虎头为灶身，虎口为灶门，虎背上有灶眼，上面放置釜，在釜上置甑。"釜"可认为是现代锅的祖先；甑是古代蒸饭的一种器具，底部有许多透蒸气的孔，可以说，它就是古代的蒸锅。在这尊青铜炉灶上，有一根长长的"灶突"。所以，中国人使用烟囱的历史，可以追溯到2500年以前。

知道成语"曲突徙薪"吧？说有一个人，见某家的烟囱是直的，旁边堆放有大量的柴火，就给主人建议说：把你的烟囱改成弯曲的吧！把旁边的那些柴火移开，另择一处堆放，否则，容易发生火灾。但主人觉得客人的话是危言耸听。过了不久，这家果然发生了火灾，幸亏邻居及时救火，才把大火扑灭。主人杀牛宰羊，大摆宴席，用以救火乡邻，座上却没有建议他"曲突徙薪"之人。邻居们说，你如果听从了客人的建议，今天你家就不会发生火灾了，那位劝你"曲突徙薪"的人，才最该成为你的上宾呢！这是《汉书》里的故事，说明烟囱在汉代就已是平民老百姓家最普通的东西了。

旋转的鸡蛋

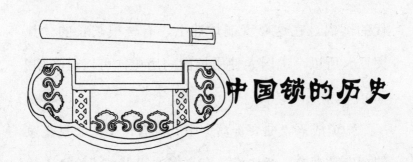

中国锁的历史

　　有人做了一个小调查，要求被调查者填写一样物品，这个物品是一个家的必备品。统计发现，答案有几十种，只有极少数人填写了锁（或防盗门）。他又做了第二次调查，从第一次调查的结果中选出了二十种物品，其中包括锁，要求被调查者从中选一样物品。统计结果发现，超过八成的人选择了锁。他又做了第三次调查，还是列举了二十种物品，其中包括锁，要求被调查者从中选出三样物品。调查结果让人吃惊，每一张票中都选择了锁。

锁真的很重要。从前，有一幢楼发生了盗窃事件。一至三楼装有防盗门，安然无恙。四至七楼全是木门，有四家的门全被撬了，家里被弄得一塌糊涂。警察对现场作了勘察，因为天色已晚，警察留下了一句话："木门不安全，去买一扇防盗门安上吧。"他们去买防盗门时，已是晚上9点。第二天警察说，案子已经破了，撬门的主谋是一个防盗门的销售者。原来，警察在作现场调查时就有所疑惑，因为每个家都被搞得很乱，但每一家人都说不出什么东西被盗了。据警方掌握的信息，防盗门销售商家一般在傍晚7点钟左右就关门了，而这一家这天晚上门市开到了9点。犯罪嫌疑人告诉警察，他除了想做成生意以外，他还想告诉住户，他们的门是最好的，他们的锁也是最好的。

原始人的生活就简单得多，也朴素得多。虽然有

旋转的鸡蛋

"房屋"，其实为洞穴，夜不闭户。他们也许会搬一块巨石来挡住洞口，但不是有了防人之心，而是有了防兽之意，防止受到野兽的侵袭。私有制是物质"丰富"之后的产物，私物不能公用，人们有了私心。私有催生了小偷，于是锁就诞生了。所以说，锁是时代的产物。

古代锁有许多称谓：牡、闭、钥、链、铃。不管它叫什么，最早出现的锁是没有机关的，人们把锁做成猛兽的样子，想借以吓走小偷。这反映了古人的单纯，也反映了古人对猛兽的敬畏。所以，这种锁只是一个概念而已。据史书记载，鲁班对锁进行了改进，是机关锁的发明人。在那个时代，锁有了机关，就既能防君子又能防小人了。

随着私有制的进一步发展，富与穷成为人类存在的两种状态，有如天平的两个托盘，让私有社会严重失衡，人们的心理自然也跟着失衡了。每个人都有一把无形的锁，锁住自己的心，同时私欲又在不断地膨胀，社会就成了："富人防富人，富人防穷人，穷人防穷人。"心由境造，境由心生，心有锁，门上就更得有锁了。在那物欲横流、盗匪丛生的时代，不堪一击的木锁、石锁已经不能满足人们的需求。人们开始对锁进行革命，加上有冶炼技术的支撑，铜锁、铁锁便成为"锁氏家族"的"新贵"，备受宠爱。

汉代出现了簧片结构锁，这是对锁结构的重大创新。有一种三簧锁，在中国的历史上流行了1000多年。在唐朝，出现了金、银、铜锁，这些锁的造价显然很高。当初，尝试制作这些"富贵锁"的人，究竟是为了追求材质的硬度，还是追求价值的最大化，还是像现代人在打火机上镶金嵌银以显摆富贵，就不得而知了。

到了清朝，人们更多追求锁外在的东西。比如，锁的工艺、锁的形状、锁的寓意。锁已经不仅仅是

"锁"，还是一种文化产品，有着丰富的文化内涵。这一社会现象，催生了一批艺术家。他们把锁设计成鱼形，以满足那些祈求富贵的人们；把锁设计成猛兽形，以迎合那些对大自然怀有敬畏之心的人们；还有艺术家在锁上刻出状元及第、长命富贵、麒麟送子、龙凤呈祥等，把锁变成了饰品。从雕刻包装工艺来看，有平雕、透雕、镂空雕、錾花、鎏金、错金、包金、镀金、镶嵌以及制模铸造等。这些锁具不仅是供人使用的生活物品，有些还具有较高的艺术价值，可供人鉴赏和收藏。明清时代是锁的鼎盛时期。

有锁时不一定有钥匙。最早的锁相当于现在的门闩，谁会去造钥匙？钥匙应该是锁有了机关之后的事。一把钥匙开一把锁。钥匙的形状是多样的，因为锁的内部结构是多样的。锁上的钥匙孔有很大的讲究，稀奇古怪，奥妙无穷，还包含封建社会的等级制度。钥匙孔的形状，有"一""上""工""古"

"尚""吉""喜""寿"等字。一般说来，钥匙孔的形状越复杂，其科技含量越高。黎庶百姓只能用"一"字孔锁，士大夫用"士""吉"字孔锁，寿诞喜庆用"寿""喜"字孔锁，规定严格，不得僭越，否则会被视为违法。

现代锁的发展也就一百多年时间，但锁发生了根本性变化。20世纪50年代，人们使用的是挂锁；70年代，暗锁开始嵌入到千家万户的门上；八九十年代，十字锁出现，防盗门也应运而生。随后，密码锁、感应锁、磁性锁、电子锁、激光锁、声控锁、生物锁等浮出了水面。有形的钥匙，也被无形的钥匙替代，密码、磁场、声波、光波、图像、指纹、视网膜等，都可以控制锁的开启。

锁发展到今日，已形成一个十分庞大的家族，而且仍在不断地更新换代，不断地向世界展示着它的神奇。

冰淇淋的故事

许多人都把冰淇淋当成舶来品。殊不知，冰淇淋的鼻祖在中国。

这也难怪，冰淇淋的发明可以追溯到遥远的古代，而再次在中国流行，也不过是近几十年的事，这中间有一个非常长的断代期。

中国人有一项了不起的发明：地窖。地窖是什么呢？就是贮藏蔬菜、酒类、冰块的地洞或地下室。用来储存冰块的地窖叫冰窖，也就是古人用的"冰箱"。而且，这种"冰箱"绝对是低碳环保的。

《诗经》中有一句话："二之日凿冰冲冲，三之日纳于凌阴。""凌阴"也就是"冰窖"。这句话的意思就是：在二三月里，把河里的冰凿下来藏进冰窖。上个世纪，考古学家在陕西省凤翔县就发掘了一处凌阴遗址，也就是古代的冰窖。该冰窖由土夯实而成，虽然没有富丽堂皇的装饰，也没有现代降温恒温设施，但冰窖设计科学，回廊、柱洞、排水系统等，都蕴藏丰富的物理知识。

在夏天，冰块虽然能给人带来凉爽，但直接食用肯定是不舒服的。于是，就有人想到将水果、葡萄酒、蜂蜜和冰混合在一起，制成美味的食品。

只是，这种"美味佳肴"不知在什么时候，从什么渠道传出了国门。公元62年，罗马的君主尼禄的厨师将花蜜、水果、蜜糖和冰雪混合在一起，给尼禄享用；1295年，意大利探险家马可波罗，带着制作冰淇淋的方法从中国回到了意大利……外国人比中国人更

喜欢这玩意儿，而且制作方法的传播速度更快。

今天，冰淇淋不再是什么稀奇玩意儿。它的成本很低，制作方法也十分简单。

在国外，中学生都会制作冰淇淋。姆潘巴是坦桑尼亚某中学三年级学生，做冰淇淋是他和同学们休息时的必修课。学校不仅为他们提供设备，还提供原料。他们制作的方法十分简单：先把生牛奶煮沸，加入适量糖，冷却后倒入冰格，再放入冰箱冷冻。过一会儿，牛奶的温度降低了，凝固了，再取出食用，既解暑解渴又美味营养，同学们甚是喜爱。

有一天，当姆潘巴做冰淇淋时，冰格的空位已经所剩无几了，一位同学为了抢占位置，竟把生牛奶直接倒入冰格。姆潘巴只得急急忙忙把牛奶煮沸，放入糖，等不及冷却，就立即把滚烫的牛奶倒入冰格。一个半小时后，姆潘巴发现热牛奶已经结成冰了，而冷牛奶还是很稠的液体。

他去请教物理老师，问为什么热牛奶反而比冷牛奶先冻结？老师肯定地回答，一定是姆潘巴弄错了！后来，他再请教高中物理教师，得到的回答仍是："你肯定错了。"他与老师争辩，老师讥讽他："这是姆潘巴的物理问题。"

姆潘巴非常郁闷，耳听为虚、眼见为实，明明是自己亲眼所见，可老师们就是不相信！

机会的大门，永远为那些有准备的人敞开着。机会终于来了，达累斯萨拉姆大学的奥斯玻恩博士访问该校。姆潘巴鼓足勇气向他提问：如果取两个相似的容器，放入等容积的水，一个35℃，另一个100℃，把它们同时放进冰箱，100℃的水却先结冰，这是为什么？

奥斯玻恩博士认为，姆潘巴提出的是一个非常幼稚的问题。但他出于对学生的爱护，告诉姆潘巴，这个问题自己不知道，等他回校后一定通过实验来弄清

旋转的鸡蛋

楚。他回校后并没有做这个实验，因为在他心里已经有了答案。久而久之，他就把这个问题忘了。

过了一段时间，姆潘巴没有收到博士的解答。他写信向博士请教，希望博士能给他一个准确的答案，博士这才想起这件事。作为一个严谨的科学家，他并没有直接给出答案，而是让自己的助手用实验来证明。助手的实验结论让博士十分吃惊，因为其结论与姆潘巴的结论一致。博士还是有点疑惑，他要亲自做这个实验。呵呵！其结论还是与姆潘巴相同。

于是，博士邀请姆潘巴和他一起进行研究。1969年，姆潘巴和奥斯伯恩博士共同撰写了一篇论文，并把这一现象命名为"姆潘巴现象"。

冻雨的成因

当"冻雨"二字第一次出现在新闻媒体的时候，人们议论纷纷，觉得这个词语太奇怪。在人们心目中，"冻"是不能与"雨"连在一起的。那么，什么是冻雨？冻雨是如何形成的呢？

"冻雨"不是今天才有的新名词。冻雨，又叫寒雨，是早在南朝就出现了的词语。南朝梁简文帝的诗句"飞流如冻雨，夜月似秋霜"就有"冻雨"二字。此外，唐朝杜甫的《枯楠》中有"冻雨落流胶，冲风

旋转的鸡蛋

夺佳气"，宋朝苏轼的《游三游洞》中有"冻雨霏霏半成雪，游人屡冻苍苔滑"，清朝黄景仁的《岁暮怀人》中有"打窗冻雨虋灯风，拥鼻吟残地火红"。

文人墨客喜欢咬文嚼字，对冻雨有所了解很正常。而许多没有经历过冻雨的人却并不知道这个词语。"冻"有三种解释，一种是液体或含水分的东西遇冷凝结，例如冻结；第二种是汤汁凝成的胶体，例如肉冻；第三种是人们感到寒冷，例如冻得慌。从第一、二种解释来看，冻好像与"固体"联系在一起，而"雨"是液体。那么，为什么要把这种雨称为"冻雨"？冻雨是如何形成的呢？雨在零度以下为什么没有结冰呢？

冻雨是初冬或冬末春初时常见的天气现象。冻雨的形成必须具备两个条件：一是冷空气比较强，致使地面温度达到0℃及以下；二是要有暖湿气流，只有具备了水汽，才能形成降雨。

形成冻雨时，地面上方的空气一定有三层：近地面2 000米左右的冷气层，其温度稍低于0℃；2 000米至4 000米的暖气层，温度高于0℃；4 000米以上的冷气层。当4 000米以上的过冷却水滴、冰晶和雪花，掉进比较暖和一点的大气层时，冰晶和雪花都会融化，与原来的水结合在一起，形成比较大的水滴。在重力的作用下，这些水滴继续下落，进入0℃以下的冷气层。当它们随风下落，正准备冻结的时候，已经以过冷却的形式接触到冰冷的物体，转眼冻结成冰。

说得更明白一点，下冻雨时，我们看到的雨水是液体——如果不是液体，下的就不是雨了，而是雪或冰雹——但这时的雨，与我们平时说的雨有一点差异，它的温度在0℃以下。我们知道，水的凝固点是0℃，按理说这样的雨该冻结，但它缺少冻结的另外一个条件，就是放掉自己的热量，因为这时空气的温度也低于0℃，没有放掉热量的对象。所以，这时的水叫

旋转的鸡蛋

做"过冷水"，它的外形与普通的水相同，当它落到温度为0℃以下的物体上时，立刻冻结成外表光滑而透明的冰层。

冻雨现象，不是每年都会发生，也不是所有的地方都会发生，因为产生冻雨的条件太苛刻了。贵州是我国出现冻雨较多的地区，其次是湖南、江西、湖北、河南、安徽、江苏、山东、河北等地。其中，山区比平原多，高山产生冻雨的时候最多。

冻雨是一种自然天气，也是一种灾害性天气。冻雨可能落在电线上，在电线上产生大量的冰，从而压断电线，甚至拉倒电线杆；冻雨落在民房、树木、蔬菜上，可以压塌房屋，压断树木，冻死农作物；它会冻结地面，对交通构成威胁。如果飞机在飞行的过程中遇到冻雨，会因机翼、螺旋桨积冰而造成飞机失事。

尽管冻雨是有害的，但冻雨之后的景色却很美。

冻雨天气的过冷却水，在下落的过程中，虽然保持液态，但只要一接触低于0℃的任何物体，就会迅速冻结，形成凇结体。这些凇结体，因冻结的水量多少和方式不相同，故而色泽和形态也不相同。冻雨之后的野外，一眼望去，一切物体都披上了冰清玉洁的外衣，大自然给我们奉献了一个美丽的童话世界！

冻雨天气最容易出现雾凇或雨凇。这两种现象，可能同时出现，也有可能交替出现。雨凇是冷却水与低于0℃的物体相遇形成的。雨量不大时，在迎风面增长较快；雨量较大时，在背风面增长较快。雨凇大多数时候呈玻璃状，有时也会呈半透明毛玻璃状。它的密度较大，所以坚硬光滑。它可以形成各种不同的形状。

雾凇也有两种形式，一种是晶状雾凇，另外一种是粒状雾凇。晶状雾凇是冷却水与低于0℃的物体相遇形成的，呈半透明毛玻璃状，密度较大；粒状雾凇，

旋转的鸡蛋

是因为过冷却雾滴蒸发，雾凇凝华而形成的，呈乳白色粒状，密度较小。过冷却水多时，一般形成晶状雾凇；过冷却水少时，一般形成粒状雾凇。

陀螺的启示

虽无从考证陀螺的发明者，但它一定是新石器时代或此前的产物。多数人有一种误解：远古的人头脑简单、四肢发达，不懂研究，不懂发明，不懂创新，没有情趣，当然也不懂得玩儿。这是对远古人的误解！在江苏马家窑文化遗址出土了木陀螺，在山西龙

旋转的鸡蛋

山文化遗址发现了陶陀螺。据考证，这两个遗址都建于新石器时期。这说明远古的人，不仅会大块吃肉、大碗喝酒，也知道玩，还知道创造条件玩。

宋代有个苏汉臣，善画人物，尤善婴戏之画，曾画有《婴戏图》，图上两孩童正在玩陀螺。他们玩的是木陀螺，一种用鞭子抽着在地上转的玩意儿。急掣其鞭，一掣陀螺则转，转速稍缓时则再鞭之，如此往复，陀螺则卓立不倒。苏汉臣还画有《秋庭戏婴》，图中有一种推枣磨的道具，也是一种陀螺。这些例子说明，陀螺玩具的形态和玩的形式都是多样的。

陀螺为什么会立而不倒呢？陀螺是一种回转体，它转动的时候，一面绕自身轴作"自转"，一面绕垂直轴作"公转"，转动的方式有一点像地球。如果你玩过陀螺，而且细致地观察过它的转动，就会发现，当陀螺转动速度变慢时，摆动的角度会增大，稳定性也就变差了。当我们用力鞭打它之后，陀螺转动的速度增大，摆动的角度减小，稳定性也就增强了。千万别小看这一结论！有人受它的启示，摆平了飞机的震动。

在美国，年轻的埃尔默，在一个偶然的机会，接触到了神秘的陀螺。在一般人的眼里，陀螺就是一个玩具，且仅仅是玩具而已！但在埃尔默的眼里，稳定性极好的陀螺不应该仅仅是一个玩具。1896年，36岁的他开始研究陀螺的用途。在后来的4年时间里，陀螺成了他的至爱。他因此发明了陀螺罗盘。在此基础上，他与航空先驱寇蒂斯，共同研发了飞机陀螺稳定器。

埃尔默的儿子劳伦斯思维敏捷、眼光敏锐、善于动手，特别喜欢摆弄机械。劳伦斯的这些特质既源于老爸的遗传，又源于老爸对他的影响。

1903年，莱特兄弟上天，这条新闻有如一根无形的导火线，引爆了劳伦斯的兴奋点。这一年他仅仅11

旋转的鸡蛋

岁！在这个年龄，许多孩子还只会撒娇，劳伦斯却开始了自己的研究生涯。他把自己的卧室当作工作室，开始研究滑翔机。接着，发生了一件"大事"：为了把超大器件拿入卧室，他竟然拆窗而入。终于，滑翔机起飞了，不知是在春天的早上，还是在夏天的傍晚，蓝天白云见证了滑翔机的飞行。接着，又发生了一件"大事"：劳伦斯设法贷款，买了一台发动机。劳伦斯的飞机再次升空，他也下定决心报考寇蒂斯航校。

1912年，年轻帅气的劳伦斯成了飞行员。他本来应该好好地开飞机，但他却"不务正业"，开始研究和完善父亲发明的陀螺稳定器。虽然他没有学过工程学，可他善于动手，又很勤奋，对陀螺稳定器做了精细的改进。改进后的陀螺稳定器，有了新的功能，能对飞机的俯仰和横滚作出反应。劳伦斯的研究成果，对解决飞机稳定问题有了新的突破。

埃尔默接着又发明了航向陀螺、陀螺地平仪和偏航指示器。这些了不起的飞行仪器，使驾驶员有了孙悟空般的本领，能精确地操纵飞机腾云驾雾、爬升转弯。

埃尔默建立了自己的公司，劳伦斯被任命为公司稳定器部经理。但劳伦斯的最大爱好还是飞行。后来，劳伦斯建立了自己的公司。他研制了一种小型单座双翼机，用以作日常交通工具，每天都驾着它上下班。悲剧发生在1923年，劳伦斯驾驶自己的小飞机，横渡英吉利海峡去英国，结果不幸遇难，年仅31岁，飞行界一颗闪亮的星星就此陨落。1930年，埃尔默无疾而终，享年70岁。

埃尔默父子为飞机的发展作出了巨大的贡献，他们所有的发明都是受陀螺的启发。所以，古人发明陀螺，也为今天的航空事业设下了伏笔。我们要感谢埃尔默父子，更要感谢陀螺的发明者。

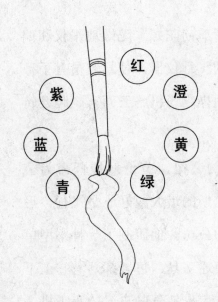

颜色的学问

　　颜色有冷暖、轻重之分。七色光有赤、橙、黄、绿、青、蓝、紫。人们一般认为赤、橙、黄为"暖色"，青、蓝、紫为"冷色"。暖色让人产生强烈、暖和的感觉，冷色却让人们觉得寂寞和空虚。有人喜欢红（赤）色的汽车，说这种颜色喜庆大气。但从比例来看，选择红色汽车的人是比较少的，因为大部分人认为，这种车在夏天开起来有热的感觉。如果在炎热的夏天，一条街都跑着红色的汽车，你会是什么感觉呢？

　　颜色的冷暖来自人们对光的体验，来自光对大脑的刺激。七种颜色中，红光的波长最长，紫光的波长最短。光照射到物体上，有一部分光被吸收，另一部分被反射。反射和吸收的量不是"五五分成"，也不符合黄金分割原理，而是与反射面的性质（如光滑程度、颜色等）和光的种类有关。我们见到物体是什么颜色，物体就反射了什么颜色。例如，我们见到了红色的衣服，是因为红色衣服反射了红色。而白色衣服能反射所有颜色，这些颜色混合在一起就形成白色，所以我们看到了白衣服。我们看到的玻璃窗颜色也是如此，白色玻璃能透射白光，绿色玻璃只能透射绿光。

　　夏衣颜色是宜浅还是宜深呢？夏天人们所穿的衣

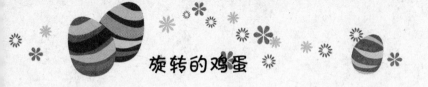

旋转的鸡蛋

服颜色浅一点好。那夏天，使用的伞是深色的好，还是浅色的好？是不是用浅色的好呢？因为它吸收的太阳光比较少呀！错了！使用深色的比较好。黑色的太阳伞就能吸收很多的光和热，因此，透过伞射到伞下面的太阳光和热就会很少，人也就感到凉快些。我们都知道，农贸市场上搭的篷子，布料的颜色大都是黑色，其道理就是如此。

呵呵！还有一个问题：夏天戴的太阳帽什么颜色最好？你也许会认为太阳帽与伞的功能差不多，那当然就该用黑色的啦！你又错了！如果使用黑色的太阳帽，太阳帽的温度会升得较高，而使头皮感到发烫。白色的布料可以反射较多的太阳光和热，所以，白色的太阳帽就能使人的头部感到凉快些。黑色太阳伞上的温度可能较高，但伞离人有一段距离，而太阳帽与人体直接接触。

可是，在温度为40℃的非洲沙漠地区，为什么人们都喜欢穿黑色长袍和戴皮帽呢？

不要以为这是因为沙漠地区的人太传统、太保守。在高温下，他们穿黑色长袍、戴皮帽是有科学道理的。

在内陆地区的夏天，只要有大风人们就会感到凉快，然而在热带沙漠地区却不是这样，沙漠地区刮的风是热的，有风的天反而比无风的天更热些。沙漠里，中午的温度可达40℃，甚至更高，这就比人体温度还要高！只要气温超过人体的温度，人们就会感到格外难受。

内陆地区的风吹到人身上，会加快人体汗液的蒸发，蒸发带走热量，使人体感到凉快。沙漠里的风不是带走人体身上的热量，相反的却给人的身体带来了热量，所以人觉得更热些。

他们穿长袍、戴皮帽能将身体多覆盖一些，可防止沙漠中的热风侵扰。虽然黑色长袍比白色长袍吸热

旋转的鸡蛋

多，但它吸收的热量可以加速宽松黑长袍下的空气对流，而气体的流动能促使人体皮肤上的汗液蒸发，从而把部分热量带走，这也会使人感到凉快些。

飞行与仿生

《山海经》记载：从前，奇肱国的人会猎取飞禽，还会造飞车。人坐着飞车就可以飞到老远的地方去。

但《山海经》中记载的飞车好像不是据鸟仿生的：说大禹在某广场参观飞车，老者邀大禹等走到车旁，大禹细看那车，是用柴荆柳棘编成的，里外四周

都是轮齿，大大小小，不计其数。那老者指着车内一系列机关说：这是主上升的，要升上去，便扳着这个机关；那是主下降的，要降下来，便扳着这个机关；这是主前进的；这是主后退的；这是主转向的，譬如船中之舵一样。大禹且听且看，暗暗佩服他们创造之精。不管《山海经》记载的是否是真实的场景，但书中所述机关之精密，即使用现代人的眼光来看，也已经很"现代化"了。

据说，大哲学家墨子曾经带领300多个弟子专心研究飞行原理。他们花了三年的时间，制成一只会飞的木鸟，古书上把它叫作"竹鹊"或者"木鸢"。也有人说木鸟不是墨子造的，而是鲁班造的。

东汉时期的大科学家张衡，也制作过一只"木雕"。这个"木雕"飞行器的最大特点，是腹中安有"机关"，只要机关开动，它就能够独自飞出好远。

到了唐朝，一个天才工匠韩志和又制作了一架极为精巧的飞行器。据古书记载，当时的其他工匠也有会制木鸡、木鹤的，有的会舞，有的会飞。

　　无论是墨子、张衡，还是韩志和，他们制作的飞行器似乎都与鸟有关，这是不是古代仿生学呢？应该是吧，人类的"飞行"就是从羡慕鸟类开始的，是鸟类给了人启示。

　　在人们的心目中，达·芬奇是一位伟大的画家。其实他也是一位伟大的科学家。达·芬奇在科学上的成就卓著，他在天文、物理、解剖学等方面都有很多的建树，在发明上更是成绩斐然。达·芬奇也设计过飞行器，他设想的飞行器主要依靠人体的力量起飞和飞行，而人的力量是非常有限的，所以，"达·芬奇飞行器"始终没有飞起来。

　　1903年，真正意义上的飞机诞生了，人类实现了飞上天空的梦想。飞机的发明，与达·芬奇在飞行领域的奠基是分不开的。

旋转的鸡蛋

1903年12月17日莱特兄弟首次试飞成功。历史上第一架飞机的第一次飞行高度是3米，飞行时间为12秒，飞行距离36.5米；45分钟后，飞机有了第二次飞行，飞行距离达到52米；又过了一段时间，弟弟奥维尔又一次飞行，这次飞行了59秒，距离达到255米。

此后，莱特兄弟对飞机进行了改进。不久，兄弟俩又制造出能乘坐两个人的飞机，并且，在空中飞了一个多小时。

这些改进与实验都是"民间"的，没有得到美国政府的认可。直到1908年，美国政府才引起重视，决定让莱特兄弟做一次试飞表演。1908年9月10日，奥维尔驾驶着他们的飞机，在76米的高度飞行了1小时14分。

由以上的数据可以看出，莱特兄弟发明的飞机都是很"原始"的。如果不对飞机进行改进，提高飞机的飞行高度、距离和时间，飞机的实用价值就会大打折扣。

此后，研究人员对飞机进行不断改进。30年后，飞机在速度、高度和飞行距离上都超过了鸟类。但是，在继续研制飞得更快更高的飞机时，研究人员碰到了一个难题，那就是气体动力学中的颤振现象。

也许当时还没有颤振这个词语，但颤振现象却是很可怕的！飞机在飞行时，机翼发生振动，飞行速度越快，机翼的颤振越剧烈，甚至折断，造成机坠人亡。

如何消除颤振现象呢？研究人员花费了巨大的精力，做了大量的实验，但效果都不是很理想。

正当研究人员处于困惑和迷茫的时候，生物学家在昆虫领域的研究成果为他们打开了一扇窗。生物学家在研究蜻蜓翅膀时发现，每只翅膀前缘的上方都有一块深色的角质加厚区，生物学家称之为翼眼或翅痣。研究人员做了实验，当翼眼被去掉之后，蜻蜓就

旋转的鸡蛋

会因翅膀的颤振而荡来荡去。实验证明，翼眼能消除飞行时翅膀的颤振现象。

于是，飞机研究人员就在机翼前缘的远端设计了一个加重装置，这样有害的振动就被消除了。

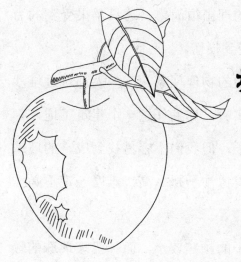

坏苹果问题

如果你喜欢吃苹果，不妨买一大筐回来，用一个较大的果盘，把苹果一层层地垒起来，垒成一座小山。你会不会觉得，最底层中间的那只苹果受到的力最大呢？根据笔者的调查，人们普遍认为，如果苹果被垒得足够高的话，最底层中间的那只苹果被压坏的

旋转的鸡蛋

可能性最大。他们的理由很简单，这只苹果受到的力最大，所以最容易受到损伤。

这是一个很有趣的物理现象。许多人都玩过堆沙子。不需要我们做实验，你到任意一个建筑工地，都可以看到成堆的沙子，但我们不容易找到成堆的玻璃珠。要把玻璃珠堆得像沙子那么高，难度一定不是一般的大。

是不是因为沙子的颗粒较小，而一般玻璃珠的颗粒较大呢？如果要这样想，你完全可以把玻璃的颗粒做得与沙子一样大。但实验发现，这么小的玻璃珠，堆放起来仍很困难。难道与物质的种类有关？如果把玻璃打成细碎的颗粒，再来堆放它，你会发现，要增加堆放的高度，变得容易许多。由此可见，无论是堆放沙子，还是堆放玻璃，都与它们的形状有关。

沙子在堆积的过程中，颗粒会通过相互接触，把力一个接一个地传递出去。在一个沙堆中，每粒沙都和很多沙粒挤在一起。当一粒沙子受到外力作用时，这粒沙子就会把这个力传递给靠在一起的沙子；而靠在一起的沙子一旦受力，它们也会把这些力传递下去。所以，沙子对力的传递不是一传一，而是一传十，十传百。

可以肯定沙子的表面是粗糙的，所以，沙子与沙子之间的摩擦力足够大。这一点非常关键。因为这样，沙子在传递外力的过程中，外力就因摩擦力而被消耗掉。也就是说，沙堆很快就能形成一个亚稳态。我们有这样的经验，用力去抓一把沙，用的力越大，从手心漏出的沙就越多。这是因为，我们用力去抓沙时，手中的沙四面受力，所有方向的力都向中间的沙传递。这时外力大于摩擦力，所以中间的沙子就在外力的作用下被推挤了出来。

如果我们用手去抓一把细小的玻璃珠，就不那么容易抓起来。一个玻璃珠在受到外力作用的时候，它

旋转的鸡蛋

也会把力传递给靠在一起的玻璃珠，但是玻璃珠的表面更加光滑，更难抵消外力的作用。所以，玻璃珠在外力的作用下，不容易形成稳定的状态。堆放玻璃珠是同样的道理。每一颗玻璃珠都会受到重力的作用，这些重力作用到玻璃珠上，就像外力的作用一样。而玻璃珠间的摩擦力比重力小，不会被抵消，堆放的玻璃珠不容易形成亚稳态，因而堆放的高度就有限了。

谷子的表面比沙子还要粗糙，所以只要你愿意，可以把谷子堆放得比沙堆还高！

把谷子堆放得越高，下层的谷子受到的竖直向下的压力就会越大。但这些竖直方向的力并不是死的，而是有变成横向力的趋势。所以，在堆放玻璃珠时，玻璃珠会向四面八方散开去。

但有另外一个非常奇妙的现象，似乎与上面的结论相矛盾。用竹编的席子打围，可以把谷子堆放到二米高。如果在竹围的半腰打一个洞——别客气哈，你可以把这个洞打成水杯那么大——你想象围内的谷子会像水一样喷射而出，因为谷子堆放那么高，竖直方向的力一定不会小，而竖直方向的力又会变成水平方向的力，那么横向的力也不会小，谷子当然会喷射出来。你这样想又错了！谷子是会流出来，但速度并不大。更奇怪的是，你只需要用几张纸就能把洞堵住。这说明席子围栏受到的力并不大。

这是什么原因呢？难道谷子没有把竖直方向的力变成水平方向的力？不是！这是因为谷子之间的摩擦力很大，把水平方向的力抵消了一部分。

100多年前，英国物理学家就发现，粮仓底部的压力，在粮仓高度大于底部直径的两倍后，便不会再增加了。就是说，当谷子堆放到一定高度时，即使再增加谷子的高度，底部受到的压力也不会增加。压力是很不均匀，而且有方向性地传播，有一些地方并没有压力存在。这是因为当谷粒被倒入谷仓后，将有一部

坏苹果问题

107

旋转的鸡蛋

分的力传递到谷仓四周的壁面上。这也就是为什么谷仓里的壁不像水坝一样需要随着深度的增加而逐渐加厚，谷仓的厚度一般都不大。

我们还是回到苹果问题上吧！无论把苹果垒放得多么高，底层中间的那个苹果受到的力都是最小的。因为它受到的向下的力，也就是各层苹果的重力，被一层一层地转化成了水平方向的力。如果这些水平力不太大，比摩擦力还要小，苹果就会处于稳定状态。反之，如果水平力较大，比摩擦力还要大，苹果就会向四周散开去。也就是说，最底层中间的那个苹果，受到的竖直方向的力不大，而且在水平方向受到的力也是很小的，因为它周围的苹果都有向外运动的趋势。

金属的疲劳

有人说，车轮在转动时，其转动的力会撕裂车轴。后来又有人说，这是金属的疲劳现象。

我们听到了一个新名词：金属疲劳。在以后的百年里，"金属疲劳"成了"睡美人"。但以百年一吻吻醒这位"睡美人"的，不是火车工程师，而是飞机工程师。

旋转的鸡蛋

1954年，是哈维兰公司黑色的一年。这一年，公司引以为豪的、最先进的、最帅的两架客机，在空中神秘地解体了。这两次人间悲剧，不仅祸及乘客，还严重地影响了哈维兰公司的业务，也震惊了飞机制造界。有不少人达成了共识，认为这是一种金属疲劳现象。金属在疲劳的早期，就已经在表面出现了裂纹。

经过了若干代科学家的努力，悲剧还在不断地发生。1979年的某天，美国航空公司的一架喷气式客机，从芝加哥起飞后不久，左边一具引擎折断，飞机随即着火燃烧、爆炸坠地。机上273名乘客和机组人员无一幸免。事后，研究者对残骸进行检查发现，引擎与机翼的螺栓因金属疲劳而折断，从而导致引擎燃烧爆炸。1998年，德国一高速列车，在行驶的过程中突然出轨，100余位乘客遇难身亡。这一事故的罪魁祸首还是车轴的金属疲劳……

金属疲劳对火车、飞机造成的危害真是罄竹难书。金属是人类的好朋友，没有金属，也就无现代化可言。但其疲劳现象，又是人类最大的敌人，它不考虑时间、地点，不顾及人类的安全，在发作的那一瞬间，将宝贵的生命毁于一旦。

是什么导致了金属的疲劳？这是一个很复杂的问题，人类找到了很多原因，却没有找到恰当的应对办法。如果实行问责制，人类要担首责。人类就像资本家，想要榨干所有的飞机和火车的最后一滴"血液"。人们总想这些东西跑得最快，跑得最远，用得最久。但人们使用它们的时间越长，使用的次数越多，金属疲劳的可能性就越大，其耐力的级别就越来越低，就越接近它们寿命的临界点。一旦越过这个临界点，它们就再也不听人类使唤了。

飞机在飞行的过程中，受力是随机的、复杂的。金属材料难免有杂质，杂质很容易使金属发生疲劳。即使飞机的一颗螺丝钉里有一个小沙粒，或一个小

旋转的鸡蛋

气泡，这一颗螺丝钉也有可能结束飞机的生命。金属件的形状也非常重要，它可能是飞机解体的"突破口"。有一种大型客机，它最早的窗户是方形的，但在飞行的过程中发生了解体。事后研究发现，窗户的方形角，是引起金属窗户疲劳的诱因。所以，从此以后，所有客机的窗户都设计成了椭圆形。

制造飞机和火车，总会用硬度最大的材料。钢材当然是硬度较大的材料，它的承受能力也是一流的。火车离不开钢材，没有谁见过火车解体。火车的问题总是出在车轮上，出在车轮的车轴上。但用钢材制造飞机就不好，因为钢材的密度太大了，用它制造飞机，飞机会变得很重。飞机机体主要用合金材料制作，比如铝合金。而机身加强框、机翼翼梁和加强肋，一般采用铝合金和合金钢。铝合金的密度比较小，制造出来的飞机要轻便一些。当然，制造飞机用的铝合金，不是我们家里装窗户的那种铝合金，而是另一种强度大得多的。从目前的情况来看，它抗疲劳的能力肯定不及钢材。所以，人类也许会为使用铝合金而付出代价。

金属会疲劳，就像人类会疲劳一样，是我们不能避免的。为了增强人的抗疲劳能力，有人研究出抗疲劳的药物，比如，给人体补充维生素。那么，我们可不可以给金属补充"维生素"呢？有研究发现，在金属里加入稀土元素，就可以使其抗疲劳能力大大增加了。

人类还应该遵循自然规律。既然知道金属疲劳是一种必然现象，金属的寿命是有限度的，那么在研究金属材料和形状，研究增强它的抗力的同时，也应该考虑让飞机、火车和轮船在适当的时候"退休"。

列车的蝶变

世界上第一辆"磁悬浮列车"，与生活中的列车没有多少关系，它仅仅是一个玩具，而且这个玩具还不是小孩子玩的。它是由法国的一个杂技爱好者，埃米尔·巴切里特创新出来的道具。他觉得，生活中的列车都是在地面上奔跑，如果把列车悬浮起来做表演，或许能让自己一炮而红。杂技演员总是在创新中生存，否则，杂技表演就没有了生命力。

怎样才能把列车悬浮起来呢？巴切里特选用了生活中最容易找到的物体，两块可以相互排斥的磁铁。他把玩具列车做得很漂亮，在列车的底部和铁轨上装上两块磁铁，列车果然悬了起来。他再用交流电推动系统，推动列车沿着导轨运动。列车能在空中运动，这是观众以前见所未见、闻所未闻的，巴切里特因此获得了巨大的成功。

我们现在要制造磁悬浮列车，是因为它脱离地面运行，减小了运动过程中列车受到的阻力，可以提升列车的速度。但巴切里特最原始的思考并非这样，或许他根本不知道这样可以提高列车运动的速度。

巴切里特是一个智者，他深知玩具火车的构想，已经远远超越了它作为玩具的价值。这应该是一项了不起的发明，或许这辆玩具火车，有一天会成为未来

旋转的鸡蛋

火车的祖先。于是，他在1912年申请了发明专利，并期待有人来购买这项专利。

机会来了！他的发明引起了一位百万富翁的注意。这位名叫阿斯托的富翁，有着独特眼光，他发现了巴切里特发明的价值，认为这是一项颠覆传统、能够改变世界的发明，于是决定资助巴切里特继续研究。天有不测风云，人有旦夕祸福。就在阿斯托从欧洲度完假，回国的途中，灾难降临到他的头上：他所乘坐的"泰坦尼克"号，一艘超豪华的游轮，不幸葬身大海，这位投资人也不幸遇难。

后来又有一次机会，但因第二次世界大战，又被化为泡影。直到巴切里特去世，这项发明仍在孕育当中。

今天，磁悬浮列车已经变成了现实，人们既感到新奇，又顾虑重重：如果突然断电，磁悬浮列车会不会掉下来？磁悬浮列车可不可以设计得更快，比如像飞机那么快？

这些问题，在设计者的头脑中，不应该是顾虑，而应该是一些科学问题，在研究的过程中通通被解决掉。

磁悬浮列车主要靠外界供电，谁也不能保证这种供电不出问题。比如因自然灾害，供电线路中断了。因此，设计者在每台车都预备了四组电源。

把列车悬浮起来的目的，是想通过减小阻力来提高列车的运行速度。科学家认为，磁悬浮列车虽然减小了列车与轨道之间的阻力，但空气的阻力仍然存在，而空气阻力对列车运行速度的影响是不可低估的。所以，要想列车运行得像飞机那么快，只能让磁悬浮列车在真空中运行。列车从蒸汽机，到电气化，到磁悬浮列车，再到真空管道磁悬浮列车，发生了一系列的蝶变。

20世纪60年代，科学家提出了一个新名词：真空管道磁悬浮列车。1999年，美国的机械工程师戴睿·奥斯特，将真空管道磁悬浮运输概念，变成了一

旋转的鸡蛋

整套的设计图纸，并向美国专利局申请了发明专利。

虽然真空磁悬浮列车在真空环境下运行，但是列车的车厢内部肯定不是真空状态。气密性良好的列车结构，能够确保车厢内与其他列车一样充满新鲜空气，乘客乘坐这种真空磁悬浮列车不会有眩晕、胸闷等异样的感觉。

目前，世界上仅有美国、瑞士和中国3个国家在进行真空管道磁悬浮技术的研究。其中，美国的技术方案是采用高真空管道交通方式，其管道中的大气压只有外界空气的百万分之一。瑞士的技术方案则是将真空管道设置在地下隧道之中，这种方式同样会增加额外的建设成本，在具体实施过程中也要克服许多实际应用的技术难题。2002年中国在西南交通大学组建了真空管道运输研究所，研究技术并不逊色于美国和瑞士。这项技术的难度很大，建设成本也很高，要变成现实，还需要很长的一段时间。

马桶的蜕变

　　抽水马桶是由谁发明的呢？虽然许多人不太喜欢这玩意儿，但如果让我们回到没有这玩意儿的时代，提着"夜壶"过生活，可能你更不喜欢！

　　尽管我们在20世纪三四十年代的老电影里，能看到"时尚"的北京人，早晨起来倒"夜壶"。但抽水马桶的发明，却可以追溯到英女王伊丽莎白一世的时

旋转的鸡蛋

代。有一位名叫哈林顿的教士，喜欢讲故事，当局认为他的一些故事有伤风化，就把他流放到凯尔斯顿。为了在凯尔斯顿重新生活，他盖起了自己的房屋。在这间非常简陋的房屋里，他有了伟大的发明。

哈林顿是一个很讲究的人。他讨厌"夜壶"，更讨厌像北京人那样，早晨起来倒"夜壶"。于是他要创新，他要改变现状，他想让"夜壶"不用倒，也能变得干干净净。要想干净，没那么简单。不倒，污物从何而去？不洗，"夜壶"怎能干净？于是他将"夜壶"进行改造，让污物自然流去，让水自然冲洗。于是，一只与便池和储水池相连的"夜壶"诞生了，它就是抽水马桶的始祖。此后，哈林顿撰写了《夜壶的蜕变》一书，详细地描述了抽水马桶的设计。

他的"抽水马桶"像他的故事一样四处流传，逐渐成为老百姓也能消费得起的奢侈品。到了1775年，伦敦的钟表匠卡明斯对哈林顿的设计进行了改进，研制出了冲水型抽水马桶，并获得了专利权；1889年，水管工人博斯特尔再次对抽水马桶进行了改进，发明了冲洗式抽水马桶。这种马桶采用储水箱和浮球，结构简单，使用方便。从那以后，抽水马桶的结构沿用至今。

或许，"博斯特尔式马桶"已经很实用了，不需要再改造，但它还没有达到抽水马桶的最高境界，因为还有许多人不太喜欢它。特别是外出旅游的人，最讨厌宾馆内的抽水马桶。除了坐的人多了不卫生以外，抽水马桶使用起来也不太方便，例如，坐起来感觉生硬，冬天坐下太凉。

抽水马桶在冬天坐起来凉凉的，如果你觉得很舒服，那一定是你的感觉器官出问题了。垫上垫子？那东西很容易长细菌！我们为什么不给它安装上恒温系统呢？让它长时间保持一定的温度，而且还可以根据使用者的需求调节。比如，白天需要它凉一点，晚上需要它热一点，冬暖夏凉，等等，这些调节都能一键搞定。除了恒温，还要能杀菌。杀菌是自动的，不需要使用什么灭菌剂给抽水马桶造成二次污染，而是采

旋转的鸡蛋

用电子灭菌，只要有电，细菌就无处生存。

一些人认为抽水马桶的座位太宽，一些人又认为抽水马桶的座位太窄。人上一百，形形色色，各有所好，众"味"难调。我见过一对夫妇买抽水马桶，老婆说选那种座位宽的，坐起来舒服；老公说选那种座位窄的，内径大些。你看，心有灵犀的两口子，生活在同一个屋檐下，需求都会有差距，更何况不同的人群了。除了座位的宽窄以外，很多人认为抽水马桶的高度还不够理想。有一高个子，大概有一米九吧！他说他坐抽水马桶很恼火，因为他的小腿太长，腰椎又有问题，坐在抽水马桶上相当难受。而另外一个小孩子，因为腿太短，刚一坐到抽水马桶上，还没有解决问题，整个身体就掉了下去。

可见，不喜欢抽水马桶的，一定有不喜欢的理由。如果抽水马桶的座宽和高度可以调节，而且调节起来又非常方便，那么，抽水马桶的"受捧"率一定会高得多。

你到市场去看一下，就会发现，所有的抽水马桶几乎是一个样子。就像我们看电影里的外星人，导演本来在设计上有了差异，但我们看不出他们的差异来。是中国人不善于创新吗？我不知道外国人的抽水马桶是不是也是这个样子。抽水马桶可否是高大粗犷型？设计成浴室里独一无二的雕塑，既有观赏价值，又很适用。可以在上面设计一个简易的开关，只有打开开关，马桶才会显露出来。马桶上还可以设计两个扶手，就像坐在沙发上，一般人坐起来舒服，老年人坐起来就更舒服了。马桶还可以设计成小巧玲珑型，这样，小孩子和南方小巧的女人一定会喜欢。

有人说自己不讨厌沙发，因为沙发坐起来很柔软，很舒服。是否可用塑性很强的材料做马桶的坐垫呢？那样坐起来会舒服很多。这种材料可以用纳米产品，不仅坐起来舒服，最关键的是清洗方便，还不长细菌。甚至，还可以把沙发和马桶结合起来，让马桶成为它们的"混血儿"，集两者的优点于一身。现在

旋转的鸡蛋

有人已经把马桶与面盆结合了起来，从外形上看，就是一个普通的面盆，只是在方便的时候，把面盆下方的一个抽屉拉出来，一个小巧的马桶才呈现出来。

如果你想把抽水马桶从室内的一个位置，移动到另外一个位置，除了请专业人员，你没有别的办法。就是专业人员也不是说移就移，因为它必须与下水道相连，可能需要改造下水道。所以，需要设计一款便移式抽水马桶，结构简单、移动方便，而且不需要专业人员，自己就可以解决下水道问题。

抽水马桶除了舒适以外，还可以有新的功能。例如，给它连上电脑系统，每当有人上厕所时，系统即会自动分析大小便的情况，如发现异常，会立即报警，提醒使用者到医院就诊。

其实，这不是讲不讲究的问题，而是厕所文化和生活质量提高的问题。

高楼之害

　　曾经有人说过，一座城市楼房的高度，代表了这座城市现代化的高度。我却说，一座城市楼房的高度，也代表了这座城市统治者的高度。还在中国人留着长辫、口呼万岁的时代，美国人就开始修建高楼。当时的美国，教会有至高无上的地位，那最高的建筑一定是尖尖的教堂。事实上，美国三权分立，国会的权力才是宏大的。所以，19世纪中期，各州议会的建筑不断增高，盖过了教堂的尖顶。似乎比较的不是楼房的高度，而是权力的大小。但当时的楼房再高，也

旋转的鸡蛋

不过十多层吧！因为建筑的水平、材料，以及人们对高度的恐惧，限制了楼房的高度。

随着科技的发展，钢结构、玻璃、混凝土、电梯等技术步入了青少年时期，这些技术成了楼高增长的催化剂。20世纪的西方，高楼大厦如雨后春笋，已不再是稀罕之物。此时，一座城市楼房的高度，仿佛代表了这座城市现代化的高度，代表了一个国家政治的高度，更代表了一个国家经济的高度。因此，人们欣赏着高楼的高、高楼的宏伟，享受着高楼带给自己视角的满足。许多的要员、政客、商人成为了高楼的"追星族"。

就在许多人欣赏高楼的时候，有"好事者"大声地说，楼不能修得太高，防雷抗震困难，高楼还会给城市造成风灾！关于防雷抗震困难很容易理解，但为什么会给城市造成风灾呢？是不是这些"好事者"危言耸听、夸大其词呢？

其实，这些人并非夸大其词、危言耸听。我用事例来说明，他们不是"好事者"，而是好心人。有一年5月份，我旅行在北京，这一天的傍晚下了点小雨，我对这点小雨没太在意。大约在晚上11时左右，我被门的撞击声惊醒，夜沉沉的天空刮起了狂风。狂风似乎在冲刷着整幢大楼，也掠走我了的瞌睡，我站在12层楼的阳台上眺望城市的夜景，感觉风特别大，好像要把我吹走似的。我想，现在的风不会低于10级吧。

　　从第二天的新闻报道中我了解到，前一天，一股雷雨云团进入北京上空。因而，在傍晚下了点小雨。雨量比较小，持续的时间也比较短，不过冷空气还是影响了北京市。从傍晚到凌晨，5～6级的北风一直盘踞在京城上空，大风持续的时间较长。

　　既然风只有5～6级，为什么我感觉风不会低于10级呢？原来这是高楼在作怪！当气流由开阔地带流入城市时，因为城市高楼林立，且楼间距较小，大风

旋转的鸡蛋

迎面吹来后无法顺畅通过，空气只能加速流过楼房之间，因而风速增大。当流出城市后，空气流速又会减缓。所以，城市林立的高楼，对风起到了放大的作用。在城市刮起6～7级大风时，高楼群能把风在瞬间放大到12级。

有一句话：高处不胜寒，而住在高楼的人则感觉"高处不胜风"。当狂风肆无忌惮地通过高楼的时候，高楼的摇晃、窗户的响声、狂风的啸叫……给那些胆小者以心灵的洗礼。但并非在高楼上才会感觉到狂风，当你在楼群之间漫步的时候，常会遇到奇怪的风，这些风不知从何而来，忽强忽弱，忽上忽下，令人难以捉摸。

这不是风在变魔术，变着方式逗你玩，而是风在变换方式骚扰着高楼。从平原进入城市的风，沿着马路或胡同穿扫而过，形成穿堂风。在炎热的夏天，空气闷热的时候，站在楼房之间，你会觉得风比较大，比较凉爽，你感受的就是穿堂之风。吹在建筑物上的风，会沿着墙面流动，在转角之处，就会分流而去，形成分流风；有一部分风会沿着墙面下降，一旦降到地面，便会逆流而上，形成逆风；在大楼下层的开口处，上侧风与下侧风纠缠在一起，把这里变成风口，来自各个方向的风都会在此汇集，快速流过，形成开口部风……

当这些风被放大成为飓风的时候，不仅胆小者厌，胆大者也烦。有时，这些风还会助纣为虐，祸害百姓。2009年元宵节，天气预报说，今晚天气好呀，晴转多云，仅有轻风。可这天晚上，央视新址的一幢大楼却发生了让亲人痛、邻人怕的火灾。火势之汹涌，蔓延之快速，损失之惨重，影响之恶劣……事后调查，城市飓风成了这次火灾的帮凶！

所以，那些"好事者"只不过是一些好心者，一些有远见卓识的人！虽然用不着为他们山呼万岁，但

旋转的鸡蛋

我们完全可以用右手击左手，为他们的智慧喝彩；也可以用我们的左手击右手，用响声唤醒那些还在为修高楼奔走的人们：高度无限，回头是岸。楼房修得再高，也高不过天，高过了天，它也高不过你的心。让我们为减少高楼努力吧！

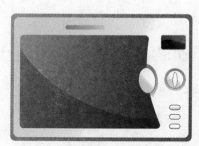

厨房里的爆炸声

中午，杨娟娟同学一走进教室就大声地说："吓死我了！吓死我了！"。娟娟那惊乍的语调，惊慌的样子，失色的表情，让正在做作业的同学停下了笔，正在睡觉的同学从梦中惊醒。同学们立即上前问她发生了啥事，她喘着气，心有余悸地说："我家微波炉里发生了爆炸！"

"哇！好吓人哟！"立即有许多同学也惊叫起来，似乎他们也经历了那惊险的一幕，那情景还在眼前浮现，那声音还在耳边盘旋。

旋转的鸡蛋

原来，杨娟娟的父母中午都不在家，在家里给她留了一张纸条，让她用微波炉把半只烤鸭打热吃。她把装有烤鸭的盘子放进微波炉，还没走出厨房，就听到微波炉里发出"砰"的一声。她吓得哆嗦了一下，她转身回去准备拔掉微波炉的电源插头，还没有靠近微波炉，只听见微波炉里又是一声"砰"的巨响，这次的声音比第一次的更大。问题是，她还看见炉内的食物飞溅开来，这一声至少吓得她后退十多步。她再次上前去拔电源插头，微波炉又是一声"砰"的巨响。这次她不仅听到了吓人的声音，似乎还看到了微波炉内有烟雾。她以最快的速度冲出厨房！

她瘫坐在客厅的沙发上，一边听厨房的爆炸声，一边用颤抖的手准备给父亲拨电话，而厨房的响声并不因为她的害怕而减弱。那巨大的响声，既让她害怕，又让她担心，她担心房子会不会炸掉。当她想到可怕的后果时，她鼓足了勇气冲进厨房，飞快地拔掉微波炉的电源插头，又飞快地逃离厨房。在她拔掉电源插头的那一瞬间，微波炉还挑战性地发出"砰"的一声。当她再次坐到沙发上时，那可怕的响声才停了下来。

娟娟向同学们描述完情景，心有余悸，手还在颤抖，带有酒窝的嘴角还在微微地抽搐。她似乎经历的不是一次生活，而是一场战争，一场决定生死的战争！尽管这场战争以她胜利而告终，但她觉得这场战争让她刻骨铭心。

赵林见娟娟的样子，放肆地大笑起来："哈哈……女人！真是胆小的女人！"

赵林与同学们闲谈，只要娟娟在场，经常被娟娟批得"体无完肤"。在同学们的心目中，娟娟和赵林相比，娟娟永远占上风，是永远的胜利者。今天，赵林见到了娟娟最软弱的一面，心中那一股早就想吐的不快，不吐不快。他要反败为胜，改变自己在同学们

旋转的鸡蛋

心目中的形象。机会不会永远向人们敞开着，这千载难逢的打击敌人的机会，焉能让它从嘴角溜走！

同学们并不了解赵林的想法，立即反驳他："你没有经历过这种事，你当然不害怕！"

赵林笑着说："错！大错而特错！我也经历了类似的事。其实一点都不危险！你们知道为什么有响声吗？"说完，他还标志性地甩了一下头发。赵林在班上属于自恋情结比较严重的人，他自认为自己很帅，而自己最帅的动作是甩头发。

不等别人回答，赵林就解释了起来："我在网上查过了，我了解它的原因，这是一种常见现象。一来，说明同学们都是四体不勤，五谷不分，在家里没有做过家务活，就连使用微波炉这些事都没有做过；二来，没有用微波炉加热过高胶质食物。使用微波炉，对带皮的猪肉、鸭肉，以及那些胶质蛋白含量较高的食物加热时，食物往往会突然发生爆炸。"

周新丛："我使用微波炉时，从没发现过爆炸现象，我可是经常使用微波炉啊！"

娟娟："我也不是第一次使用它！我父母中午经常不在家，我只能用微波炉加热冷饭剩菜，将就吃一顿。我想我使用的次数不会少于20次！但这种现象还是第一次见到。"

赵林："你以前加热的冷饭剩菜，不是高胶质食物，当然就不会发生爆炸现象。你今天加热的鸭子，它的表皮含有大量的胶质蛋白。在加热的时候，这些高脂肪、高胶质分子剧烈运动，而且对整块鸭子有封闭的作用，把水分包裹在鸭子里面了。同时，水分受热，温度迅速上升，汽化加快，变成了水蒸气，这些水蒸气因被封闭，而不能自由地跑出来。所以，鸭子内水蒸气的压力就会越来越大，直到冲破表皮，释放出来。你放进微波炉的不是鸭子，而是'炸弹'！"

周新丛："我虽然没遇到过微波炉爆炸现象，但

旋转的鸡蛋

我见过妈妈用微波炉加热猪头肉，那也应该是一种高胶质的食物。她把猪头肉放入保鲜盒，这种盒子是微波炉专用的，再把盒子放入炉内加热，根本就不会有爆炸声！"

赵林："还有一些物质不能直接放入微波炉内加热，我们要了解这些物质，才不会出问题。你们知道是哪些物质吗？"

赵林还是不等别人问答，就侃侃而谈："另外还有完好的鸡蛋、没有剥去塑料包装的火腿肠、有完整外壳的坚果如白果等。这些东西，在微波炉中加热时，也可能发生爆炸现象。"

赵林给同学们上了一课，但有同学装着不屑一顾的样子说："切！就你了不起！"

一直没有讲话的王子润见娟娟哭丧着脸，就安慰她说："你知道微波炉的发明者是谁吗？他叫斯宾塞，他也出过丑呀！在一个偶然的机会，斯宾塞萌生了发明微波炉的念头。斯宾塞在测试磁控管时，发现口袋中的巧克力棒融化了。还有一次，他将一个鸡蛋放在磁控管附近，结果鸡蛋受热突然爆炸，溅了他一身。所以，你不是第一个，也不是最后一个在微波炉内安装'炸弹'的人！"

另一位同学开玩笑说："就是就是！娟娟不要听赵林的，你就要害怕！"全班立即发出了一阵轰笑声。

家电的未来

不知道从什么时候开始，娟娟有点讨厌家里的电器。她认为现在的电器很木讷，不通人性，不懂得变通。有时像班上的某某同学，有时又有点像自己。

今天下午，娟娟的心情就特别地糟。外面乌云密布，电闪雷鸣。倒霉的是自己的台灯坏了，还有许多作业未做。房屋上40瓦的吸顶灯，就像刚从梦中醒来，极不情愿地"半睁着眼"，使房内的光线极其昏暗。娟娟把自己的眼睛睁得大大的，也看不清楚试卷。她叹一口气，看一看窗外，再叹一口气，看一看试卷……心里闷闷不乐：台灯牺牲也就罢了，吸顶灯就该前仆后继呀！它倒好，处于半罢工状态。老师不是说有人发明了一种电灯吗？这种灯可以根据室内的光线来调节自己的亮度，当室内光线强时，它发出的光就会弱一些；当室内的光线弱时，它发出的光线就会强一些。你看，这种电灯多通人性啊！但不知它何时能为自己所用？

也罢，作业做不下去就看一会儿电视！或许可以调节一下自己的情绪。娟娟按开电视的开关之后，《西游记》的主题曲以至少80分贝的激情冲向娟娟的耳膜，娟娟迅速用双手捂住自己的耳朵。这部伴随她成长，不知看过多少遍的电视剧，在她的心目中，已

旋转的鸡蛋

经与幼稚划上了等号，更何况今天的心情不好。她找到遥控器，想换一个频道。可遥控器似乎也与她作对，无论她怎样按就是不听她的使唤。喔！想起来了，昨天晚上把遥控器摔坏了。真糟糕呀！只能在电视机上去换频道。娟娟气不打一处来，这是谁发明的电视机，收看节目不方便，可不可以实现声控？能不能根据主人的心情自动调节音量？

她突然想起赵林曾经说过，有人在研究一种电视机。在电视机中事先输入了电脑程序，电视机可以根据环境光线的强弱，自动调节屏幕的亮度；可以根据观看者离电视机的远近，自动调节音量大小；可以根据接收到的电视信号自动调节图像的清晰度、对比度和色度等；这种电视还能手动翻页、声控换台等等。因此，使用这种电视，我们能看到最佳的电视图像，听到最清晰的伴音。开始她不太相信这些说法是真的，她认为赵林就是那种很木讷的人，只知道死记硬背书上的东西，不懂得变通。但在她听了王子润振振有辞的解释之后，她相信这种电视一定会走入千家万户。

王子润还说，不仅电视机可以这样，摄像、摄影也能实现一些类似的功能。有科学家设计了一款摄像机，它能自动控制和调节光圈，把画面划分为若干部分，根据各部分在画面中所处的不同重要地位，对该处亮度乘以不同系数、调节光圈，获得清晰图像。这种摄像机即使对非专业人员来说，也能拍出稳定、清晰的图像。

是呀，还真应该对家用电器革命了！娟娟见妈妈经常用手洗衣服。娟娟说，妈妈你想干吗？放着洗衣机不用，你不觉得累呀！妈妈要么说今天的衣服太少，用洗衣机不合算；要么说今天的衣服太脏，用洗衣机洗不干净；有时还说某某质地的衣服不能用洗衣机洗。哎，不知道还要洗衣机干吗！因为无论我们洗

旋转的鸡蛋

多脏的衣物，无论洗多少衣物，无论洗什么面料，洗衣机给力都是一样的，且在水的多少、洗衣液多少的控制上都是不合理的。

据说有人在研究这样的洗衣机：这种洗衣机能根据衣物的多少、质地、脏的程度等等，自动控制电机的转动速度、起停时间、脱水时间、洗涤剂的种类和多少等。

有了洗衣机还应该有配套的烘衣机呀！这种烘衣机一定有一种温度传感器，能感知衣物的质地、重量及加热器发生的热量等有关数据，并把这些数据转换成电流信号，让电脑设置烘干的时间、需要的温度等等。

从娟娟读初中开始，只要是在假期，洗碗就是她每顿饭后的必修课。她做的家务活虽然不多，但洗碗却是她最讨厌的。我想凡是女孩子都不太喜欢洗碗，因为油腻的东西使她们感觉不舒服。娟娟曾经向妈妈提出过，希望家里请一个保姆，可妈妈说根本没有这个必要。她也曾想过，如果谁发明一种洗碗机有多好呀！这种洗碗机可以自动测出洗碗槽内装有餐具的数量和污垢程度，自动选择水的温度、洗涤液的数量、清洗时间的长短等等。

　　她抬头一望看到了空调，她想起了同学们对空调的议论：有人说，现在的空调温控太慢，无论是制热，还是制冷，空气的"柔"度不够，对皮肤都有一定的刺激。甚至有同学认为，空调不能根据人体的健康状况自动调节温度等等。如果我能设计一款空调，不需要人们用开关来控制它的工作时间及冷暖转换，而是根据室内外的气温和人们的舒适程度自动调节到最佳温度，使人感到轻松愉快，该多好。再在空调上设置一种红外线传感器，当红外传感器识别出房间有人时，便能快速升高或降低室内的温度；当传感器识别出室内无人时，可以自动控制自身的运转，停止升

高或降低室内温度。

娟娟越想越兴奋，她突然觉得自己的大脑完全处于分子状态。干脆今天就胡思乱想吧！家里还有什么电器需要被淘汰呢？对了，自己偶尔还会煮煮饭。如果发明的电饭锅能自己取米、盛水，只需要调节像电脑色卡一样的调味板，就可以煮出适合不同人群的米饭。当然也需要一种全自动烹调器，它将著名厨师的烹调经验以数据形式存入微电脑，烹调时输入菜肴名称，微电脑即可根据相应数据对加热情况进行控制。这还不行，主人还可以调节菜的咸淡、鲜辣程度等等……

轰隆隆！巨大的雷声把娟娟从遐想中惊醒，她突然想起受冷落的作业。她站起来，伸了伸懒腰对着遥远的天空说："你再响，未来的家电也是这个样子！"

发霉与保温

　　小昊虽然是一个男孩子，但他有一个很好的习惯，总是把自己的衣橱收拾得很整齐。他习惯把衣服分类，比如把春、夏、秋、冬的衣物各放在一个衣橱里。能挂的他一定挂起来了，能叠的他一定叠得整整齐齐。他妈妈出去经常夸他，说他很细心，有点像个女孩子。

旋转的鸡蛋

　　这一天天冷了，他从靠墙的一格衣橱里取出一件夹衣，但他发现衣物的表面有大量的霉花。难道是衣物放入前没有干透？这不可能，在夏天，妈妈还把所有的衣物都取出晒过，说是防虫防霉变。他细心地观察发现，衣橱的内壁也有大量的霉花，而且靠墙的一面，霉花特别地多。这是怎么回事呢？

　　他想，可能是衣橱的门一直关着，没有通风引起的。于是，他把衣橱整理干净后，把衣橱门打开，他准备开几天门，除去橱内的霉气。几天之后，他再观察衣橱，衣橱的内壁又长了许多新的霉花。这真是奇怪了！他再次整理了衣橱，把里面所有的衣物都取出，用衣架挂在阳台上，准备透一下风，然后用热的湿毛巾，把衣橱的内壁全部擦拭了一遍。

　　这时，他在建筑系读书的表哥来看他，见他阳台上挂满了衣服，衣橱的门又大大地打开，问他在折腾什么。他很生气地告诉了表哥，他的衣橱霉变了。他表哥不看橱内，而是看衣橱旁的墙壁，只见墙壁上有一块一块的霉斑。小昊长期在室内生活，他都不知道室内的墙壁变了色。

"你衣物的霉变，与衣物没有关系，与衣橱也没有关系。它是由建筑引起的，与建筑的保温有关！"表哥笑着说。

"与建筑的保温有关？"小昊不解地问。他嘴里虽然没有说出，但他心里在想，是不是表哥在忽悠自己，或者表哥根本不知道，只是一种猜测？

表哥认真地说："你知道，不同物质的传热性能是不一样的！钢筋混凝土的导热性比普通砖块好。我们现在住的房屋，墙体是用砖砌的，其传热性弱、保温性好。而楼层之间、房屋的转角处有钢筋混凝土圈梁和柱子，其传热性好、保温性弱。"

表哥接下来问道："你平时开窗的时候多，还是关窗的时候多？"

旋转的鸡蛋

小昊说："平时关窗的时候多！你看外面是公路，汽车经过时尘土飞扬，不关窗谁也受不了！"

表哥笑道："对了！室内通风不畅！在冬季，室内外温差较大，内热外冷，墙体的不同部位保温性能又不相同，就造成室内墙体结露、发霉甚至滴水，这是砖混结构建筑中的普遍现象！"

表哥进一步解释道："刚才我讲了，砖体部位的传热性弱、保温性好；钢筋混凝土圈梁和柱子部位的传热性好、保温性弱，就使得钢筋混凝土圈梁和柱子部位的温度低于砖体部位的温度。"

小昊似乎明白了一些道理："我懂了！室内的空气在对流的过程中，遇冷的钢筋混凝土墙体，就会液化成小水珠而附着在墙体上，这是最常见的液化现象。"

表哥笑着说："是的！但你要注意喔，这种现象还不仅仅发生在圈梁和柱子部位，在挑阳台、金属门窗框与墙体的连接部位，也会有这种现象发生。然后，空气中的灰尘容易附着，逐渐变黑，从而长菌发霉。"

小昊走向阳台，仔细地观察阳台，果真如表哥所言，看来表哥说的是真的了。

小昊终于明白过来了，但他又有一个新的问题："这种现象很烦人！从衣橱内取出的衣物穿着很不舒服！如何解决这个问题呢？"

表哥："这是一个很复杂的问题，不是一句两句可以给你说清楚的。从专业的角度来说，现在主要采用内、外墙体保温的方式。比如，在建筑的内外墙体上覆盖保温层。这是一些技术性很强的问题。"

小昊："你的意思我明白了，一旦墙壁出现了霉斑，我们只能请专业人员来处理。我们自己没有处理的能力吗？"

表哥："也不完全是这样！对于非专业人士发

发霉与保温

149

旋转的鸡蛋

现墙壁发霉了，一般会用三种处理方法：一是觉得这是冬天的常见现象，只要到了春天，天气暖和了就对了，根本不用去处理它；二是觉得霉点就在墙壁的表面，用抹布擦掉就对了，你就是用的这种处理方式；还有就是在它的表面覆盖一层新涂料，把黑点霉斑遮盖掉。"

小昊高兴地说："是呀，我看到墙壁上的霉斑的时候，我也想过怎样处理它，也想到这三种方法。这三种方法中，哪种方法最好呢？"

表哥笑着说："这三种方法都不好！第一种方法，会让墙壁上的霉斑越长越大，它是在扩展的。天气暖和后，墙壁是会变干，霉斑的颜色也会变淡。但在第二年冬天继续长霉斑，而且在第一年的面积上还增加了；第二种方法也不行，没有解决根本问题；第三种方法是错误的，只能使霉斑现象越来越严重。我们说的墙壁霉斑，它实际是一种霉菌，一种生命力极强的菌群，这种菌群生长的基本条件就是阴冷潮湿的环境。"

小昊恍然大悟："你是不是说先要对墙壁杀菌，然后再进行处理？"

表哥："对！你终于悟到解决问题的方法了。我们可以先用刀子把霉斑除掉，然后在它的表面涂上一层灭菌处理剂，还要经常打开门窗，使室内外的空气得到对流，使墙壁干燥。等待天气变暖和之后，再在上面上油漆和刷涂料。这样才会从根本上解决霉斑问题。"